FUZHUANG MIANFULIAO JI XUANYONG

服装面辅料及选用

白燕　吴湘济　编著

·北京·

图书在版编目（CIP）数据

服装面辅料及选用 / 白燕，吴湘济编著. — 北京 ： 化学工业出版社，2016.5（2025.4重印）
（从零开始学服装设计）
ISBN 978-7-122-26462-6

Ⅰ.①服… Ⅱ.①白… ②吴… Ⅲ.①服装面料-基本知识 ②服装辅料-基本知识
Ⅳ.①TS941.4

中国版本图书馆CIP数据核字（2016）第046441号

责任编辑：贾　娜　　　　文字编辑：谢蓉蓉
责任校对：王　静　　　　装帧设计：王晓宇

出版发行：化学工业出版社（北京市东城区青年湖南街13号 邮政编码100011）
印　　装：河北延风印务有限公司
787mm×1092mm 1/16 印张10　　字数189千字　　2025年4月北京第1版第16次印刷

购书咨询：010-64518888　　　　售后服务：010-64518899
网　　址：http://www.cip.com.cn
凡购买本书，如有缺损质量问题，本社销售中心负责调换。

定　价：39.80元

从零开始学服装设计　编委会

主　任　胡　越

副主任　徐蓉蓉

委　员（按姓氏笔画排序）

王艳珍　王晓娟　白　燕　刘若琳

孙　琰　胡　越　胡　筱　徐蓉蓉

FOREWORD 前言

在服装创作的过程中，无论从服装的美学性、实用性方面考虑，还是从服装的经济性能方面来讲，服装面料对服装作品都具有举足轻重的作用。

面料的不同特性适用于不同的服装设计意图和理念，如光泽柔和的绸缎轻盈飘逸；透明的乔其纱充分展现出人体优美的自然曲线；富有弹性、挺括柔软的精纺毛料，具有良好的塑形特性；粗纺毛料质地挺括、平整，适合于表现大方得体、高贵稳重的职业服装；棉布面料质地坚韧、透气、无光泽，具有朴实、简约的服装风格；涤纶面料质地坚牢、弹性优良，具有免烫、耐磨、潇洒等特性。

科技的飞速发展给服装面料带来了前所未有的变革，许多国家利用纤维资源优势不断开发新纤维，使服装面料不断推陈出新，丰富多彩的面料使服装面貌焕然一新，为服装的繁荣提供了物质基础和资源保障，服装设计师应时刻关注服装面料的最新变化，并敏锐地领悟出新型面料所带来的更为广阔的设计空间。

面料构成的四个环节：纤维原料、纱线、织物、后整理都对服装的内在性能产生影响。所以，了解与掌握各种面料的品质与特性是进行服装设计的基本前提。正确选择面料是进行优秀设计的基础。了解原材料的相关知识和面料的生产过程，可使设计师做出有依据的选择，而不是仅凭外观吸引力做出随意的判断。

本书从纤维、纱线、织物、服装辅料、面料的印染整理、新纤维及新面料6个方面介绍了服装常见面辅料的品质与特性，力图为服装设计者提供必不可少的面辅料基础知识，帮助设计师掌握服装面辅料选用方法。有针对性地选择服装面辅料进行设计，不仅能够淋漓尽致地展现设计师的设计思想和设计理念，更能强化服装的设计效果。

本书由白燕、吴湘济编著。本书编写过程中，得到了同事的大力支付与帮助，在此表示真诚的感谢！

由于水平所限，不足之处在所难免，敬请广大读者批评指正。

编著者

2016年4月

目录

C O N T E N T S

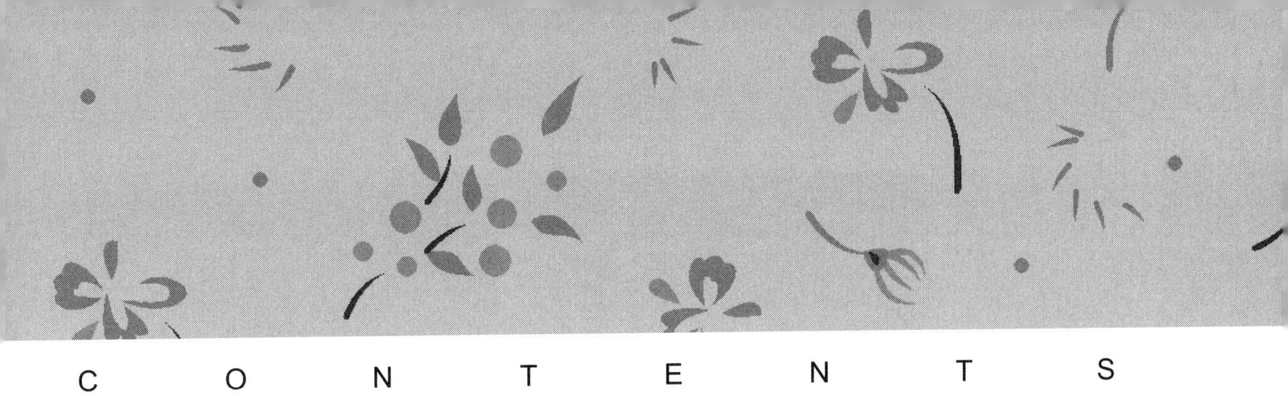

C O N T E N T S

第1章 纤维

- 纺织纤维的概念
- 纺织纤维的基本分类
- 纺织纤维的其他分类
- 主要天然纤维
- 主要化学纤维
- 常用纤维的性能比较
- 纺织纤维的命名

1.1 纺织纤维的概念

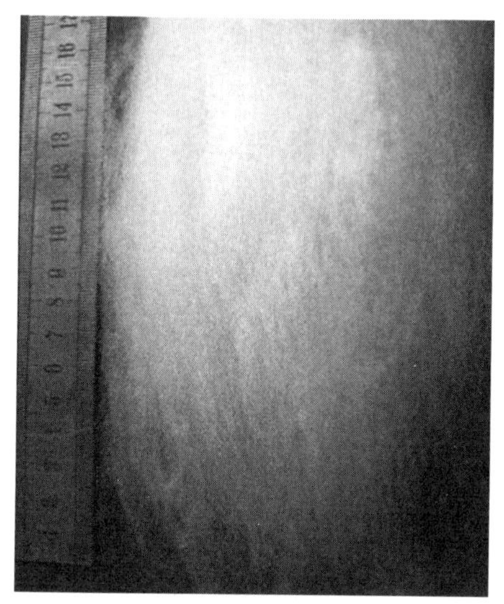

图1-1 纺织纤维

图1-2 面料中的纤维

1.1.1 纺织纤维的定义

纤维是一种细长形态的物体，它的直径很小，是以微米来度量的，其长度比直径大千百倍，是具有一定柔韧性能的纤细物质，如棉花、羊毛、蚕丝、叶络、毛发等。但并不是所有的纤维都是纺织纤维，能用来制造纺织制品的纤维，称为纺织纤维（如图1-1所示）。

1.1.2 纺织纤维必须具备的条件

纺织纤维是生产纱线、面料、保暖絮片等纺织纤维制品的基本原料，也是构成服装的基本原料。从一块面料上抽出一根纱线，再将纱线解捻疏松，即可看到一根根细软分离的“丝毛”，如图1-2所示，这便是纺织纤维。它必须具备一定的条件，以满足工艺加工和人类使用时的要求。

（1）具有一定的细度和长度，容易互相抱合　纤维的细度和长度与纺织加工的顺利进行有着密切的关系。一般来说，在设备允许的情况下，希望长度尽可能长些，细度尽可能细些，且均匀度要好。这是因为纤维细度和长度之间的倍数相差越大越容易捻合成纱线；纤维越细、手感越柔软，柔软的纤维易于抱合，有利生产；纤维越长，成纱强度也越高，织造工艺过程的难度也越小，产品的质量越容易控制。纤维的细度和长度还与面料的性能有直接的关系。纤维越细，面料越薄，手感越柔软，穿着轻柔飘逸、舒适性能越好；纤维越长，纱线表面越光洁，织成的面料也越光滑平整，不易起毛起球。

（2）具有一定的力学性能　所谓力学性能，就是纤维具有承受一定限度的拉力、扭曲、摩擦等外力作用的能力。纺织纤维从纤维到服装要经过纺纱、织布、染整加工成服装面料，再经裁剪、缝纫、整烫以及折叠包装制成服装等各道工序，在这些工序中纤维要受到各种力的作用，从纤维牵伸时受到的拉力，到熨烫时受的压力，以及各种扭曲、摩擦，如果纤维承受不了这些外力的作用，生产就不能顺利进行，更不要说服装在穿着时所要承受的人体活动、劳动、运动等所受到的各种力的作用。所以纤维没有一定的力学性能，不仅制成的服装不耐穿，生产加工也会很困难。

（3）具有一定的化学稳定性　纺织纤维的化学稳定性包括高温稳定性、抗化学物质和有机溶剂的能力等。纺织纤维从纤维到加工成面料要接触许多化学物质，制成服装穿在身上也会接触汗液、二氧化碳等，洗涤时又会经受肥皂等酸、碱溶液作用，这些都要求纤维具有相对的化学稳定性。

（4）具有一定的隔热性能　纺织纤维必须是热的不良导体，具有一定的隔热性能。人们穿着服装，一个很重要的目的是为了御寒保暖，服装的保暖性除了与面料的结构、厚薄等因素有关之外，纤维本身所具有的隔热性能是最根本的。棉、麻、丝、毛和一些化学纤维都是热的不良导体，所以能够成为服装面料的原材料。

（5）具有一定的吸湿性能　吸湿性是服用纺织纤维必须具备的性能。吸湿性好的纤维利于人体汗液的蒸发、解除湿闷的感觉，使人体感觉舒畅透气；纤维吸附水分，能使纤维的导电能力大大提高，消除或减轻静电积聚的现象，如纤维积聚静电，将会导致尘粒附着而形成污垢。

吸湿性好的纤维，能使纤维在加工时摩擦产生的静电及时逃逸，使纺织生产正常进行；在水中能使水分子大量进入纤维内部的空隙，有利于染料分子的进入和附着，增加染色效果。

（6）其他　除上述性能外，纺织纤维还需柔软而具有弹性，既易于产生变形，又具有良好的恢复变形的能力；能经受不同温度的处理，如纤维在煮练、染色、烘干、整理、熨烫等受到不同程度的热的作用。一批原料中各纤维的性质差异不能过大；用作特殊用途的纺织品，纺织纤维都具有相应的特殊性能。

1.2 纺织纤维的基本分类

纺织纤维的种类很多，一般按其来源可分为天然纤维和化学纤维两大类。

1.2.1　天然纤维

天然纤维包括自然界原有的，或从人工种植的植物体（图1-3～图1-8）、人工饲养的动物体（图1-9～图1-14）及矿物质中获得的，可直接用于纺织加工的纤维。其分类见表1-1。

表 1-1　天然纤维的分类

分类	特点	纤维来源
植物纤维	又称天然纤维素纤维，主要成分是纤维素，并含有少量木质素、半纤维素等	种子纤维：即植物种子表面的绒毛纤维，如普通白棉、木棉等
		韧皮纤维：又称茎纤维，由植物茎部韧皮部分形成的纤维，如苎麻、亚麻、大麻、黄麻、红麻、罗布麻等
		叶纤维：从植物的叶子中获得的纤维，如剑麻（西沙尔麻）、蕉麻（马尼拉麻）、菠萝叶纤维、香蕉茎纤维等
		维管束纤维：取自织物的维管束细胞，如竹原纤维等
		果实纤维：从植物的果实中获得的纤维，如椰子纤维等
动物纤维	又称天然蛋白质纤维，主要成分是蛋白质	毛发纤维：从动物身上获得的毛发纤维，由角质细胞组成，如绵羊毛、山羊绒、骆驼毛、羊驼毛、兔毛、牦牛毛、马海毛、羽绒等
		腺分泌物纤维：由蚕的腺体分泌液在体外凝成的丝状纤维，又称天然长丝，如桑蚕丝、柞蚕丝等
矿物纤维	又称天然无机纤维，是从纤维状结构的矿物岩石中获得的纤维	各类石棉，如温石棉、青石棉、蛇纹石棉等。石棉纤维具有耐酸、耐碱、耐高温的性能，是热和电的不良导体，用来织制防火面料，在工业上常将石棉用于防火、保温和绝热等材料中

图1-3　棉花

图1-4　木棉花

图1-5　苎麻

图1-6　亚麻

图1-7　剑麻

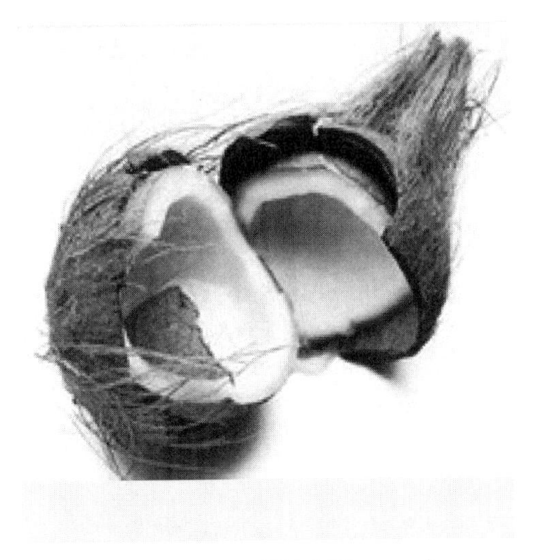

图1-8　椰子纤维

图1-9　绵羊

图1-10　绒山羊

图1-11　桑蚕茧

图1-12　柞蚕茧

图1-13　牦牛

图1-14　羊驼

1.2.2　化学纤维

以天然或人工合成的高分子材料为原料，经化学方法以及物理加工而制得的纤维称为化学纤维。化学纤维生产不受自然环境的制约，而且其长度、细度等可以根据需要任意变化，以适应纺织品的不同要求。随着科学技术的进步，化学纤维产量、质量都在不断提高和改善，成本也在降低。更重要的是化学纤维不仅可代替天然纤维，而且超越天然纤维，进入一个数量和质量的全新领域，为服装的成衣化、个性化、高附加值提供了更丰富、品质更优异、更新颖的新型纤维。

化学纤维也可根据原料来源及处理方法不同，可分为再生纤维（人造纤维）、半合成纤维、合成纤维和无机纤维，见表1-2。

表 1-2　化学纤维的分类

分类	纤维类别
再生纤维（人造纤维）	再生纤维素纤维：粘胶纤维、Modal纤维、Tencel纤维、铜氨纤维、竹浆纤维、Lyocell纤维、富强纤维等
	再生蛋白质纤维：酪素复合纤维、大豆蛋白复合纤维、蚕蛹蛋白复合纤维等
	其他再生纤维：甲壳素纤维、海藻纤维等
半合成纤维	醋酯纤维；聚乳酸纤维（PLA）
合成纤维	涤纶（聚酯纤维PET）；锦纶（聚酰胺纤维PA）；腈纶（聚丙烯腈纤维PAN）；丙纶（聚丙烯纤维PP）；维纶（聚乙烯醇缩甲醛纤维PVA）；氯纶（聚氯乙烯纤维PVC）；氨纶（聚氨酯弹性纤维PU）；氟纶（聚四氟乙烯纤维PTFE）等
无机纤维	玻璃纤维；金属纤维；陶瓷纤维

（1）再生纤维　也称人造纤维，是指以天然高分子化合物为原料，经过化学处理和机械加工而再生制得的纤维。

①再生纤维素纤维是以自然界中广泛存在的纤维素物质（如棉花子的短绒，木材、甘蔗的渣，芦苇、麻秆芯等），从中提取纤维素制成的浆粕为原料，经纺丝制得的纤

维。这类纤维由于原料来源广泛、成本低廉，因此在纺织纤维中占比较大。

②再生蛋白质纤维是指用酪素、大豆、花生、牛奶、胶原等天然蛋白质为原料，经纺丝制得的纤维。为了克服天然蛋白质本身性能上的弱点，通常将其他高聚物共同接枝成复合纤维。

（2）半合成纤维　是以天然高分子化合物为骨架，通过与其他化学物质反应，改变组成成分，再生形成天然高分子的衍生物而制得的纤维。

（3）合成纤维　是从石油、天然气、煤中分离出低分子物质经化学合成高分子聚合物，再经纺丝加工制得的纤维。此外，还有许多特种合成纤维，如高弹性纤维氨纶、高强力纤维芳纶、耐腐蚀纤维（氟纶）及耐辐射、防火、光导等纤维。

（4）无机纤维　以天然无机物或含碳高聚物纤维为原料，经人工抽丝或直接炭化制成，如玻璃纤维、硼纤维、陶瓷纤维、石英纤维、硅氧纤维、金属纤维等，具有耐高温、耐腐蚀、高强度和高绝缘等特性。玻璃纤维可用作防火焰、防腐蚀、防辐射及塑料增强材料，也是优良的电绝缘材料。

我国一般把人造纤维和合成纤维合并称为化学纤维。严格地讲，再生纤维（人造纤维）和合成纤维都是人造纤维，所用的原料也都是自然界的，是需经人类加工再制成的纤维，但由于再生纤维（人造纤维）比合成纤维开发早，因此成了习惯的命名。天然纤维形态固定、单一，化学纤维形态丰富、多变。

图1-15为化学纤维原材料，这些原材料经过化学长丝生产机器（图1-16）生产出化学纤维纱线（图1-17），再织制成各种化学纤维面料（图1-18）。

图1-15	图1-16
图1-17	图1-18

图1-15　化学纤维原材料

图1-16　化学长丝生产机器

图1-17　化学纤维纱线

图1-18　化学纤维面料

1.3 纺织纤维的其他分类

1.3.1 长丝和短纤维

天然纤维按纤维长度，可分为长丝和短纤维两大类，如图1-19和图1-20所示。若纤维长度达几十米或上百米，称为长丝，如蚕丝，一个茧丝平均长800～1000m。长度较短的纤维称为短纤维，如棉纤维的长度一般为10～40mm，毛纤维的长度一般为50～75mm。

图1-19 长丝

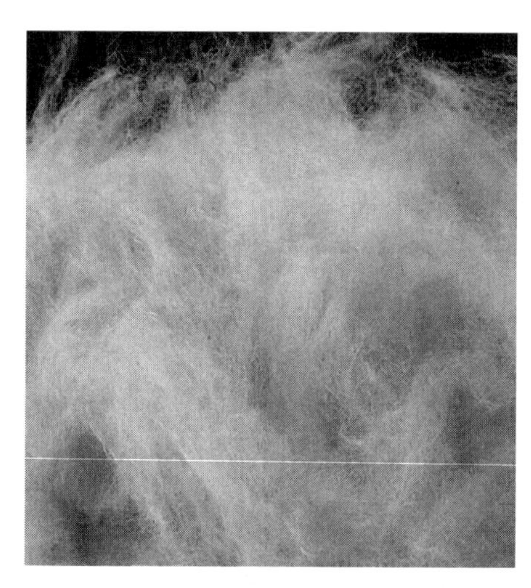

图1-20 短纤维

化学纤维加工制得的连续丝条，不经过切断工序的称为长丝。长丝又可分为单丝、复丝，单丝中只有一根纤维，复丝中包括多根单丝，单丝用于加工细薄织物或针织物，如透明袜、面纱巾等，一般用于织造的长丝大多为复丝。

化学纤维也可加工切断成各种长度规格的短纤维，如棉型化纤短纤维，长度为30～40mm，用于仿棉或与棉混纺；毛型化纤短纤维，长度为75～150mm，用于仿毛或与毛混纺；中长型化纤短纤维长度为40～75mm，主要用于仿毛织物。

1.3.2 普通合成纤维、差别化纤维、功能性纤维

（1）普通合成纤维　普通合成纤维主要指目前生产的传统六大纶类品种有涤纶、锦纶、腈纶、丙纶、维纶和氯纶。其中前四种纤维已发展成大宗类纤维，以产量由多至少排列为涤纶、丙纶、锦纶、腈纶，主要作为服用服装原料。

（2）差别化纤维　差别化纤维主要是通过物理方法或化学改性以改善常规化学纤维的某些服用性能，大多采用模仿天然纤维的特征进行形态或性能的改进。主要有改变合成纤维卷曲形态，模仿羊毛的卷曲特征的变形丝；采用非圆形喷丝板孔加工的异形截面和异形中空截面；将两种或两种以上的高聚物或性能不同的同种聚合物通过一

个喷丝孔纺成的复合纤维；以及超细纤维、高收缩纤维、易染纤维、吸水吸湿纤维、混纤纤维等。

（3）功能性纤维　功能性纤维是指具有某一特殊功能的纤维，如具有吸水、高弹、阻燃、抗菌、消臭、芳香、抗静电、蓄热、导电、防紫外线等性能的纤维。

随着科技的发展，它们之间逐步模糊而变得密不可分，详细解释见第6章新纤维及新面料。

1.4 主要天然纤维

在化学纤维问世前的一个漫长的历史时期，天然纤维一直被人类作为服装的主要原料。

1.4.1 棉

棉花是棉植物种子上的纤维，籽棉和皮棉的统称（有时亦作为棉植物、棉植物开的花的名称）。棉纤维是世界上分布最广的一种天然纤维，由种子表皮细胞长成的，带有棉籽的称为“籽棉”，弹去棉籽的称为“皮棉”。根据皮棉纤维的品质，适于纺纱的称为“原棉”（图1-21），不适宜纺纱，但可做棉衣和被褥等用的称为“絮棉”。至今棉花以其朴实自然的风格和舒适廉价的消费持续风行全球，成为全球最重要的服装用纤维之一。图1-22为丝光棉衬衫面料。

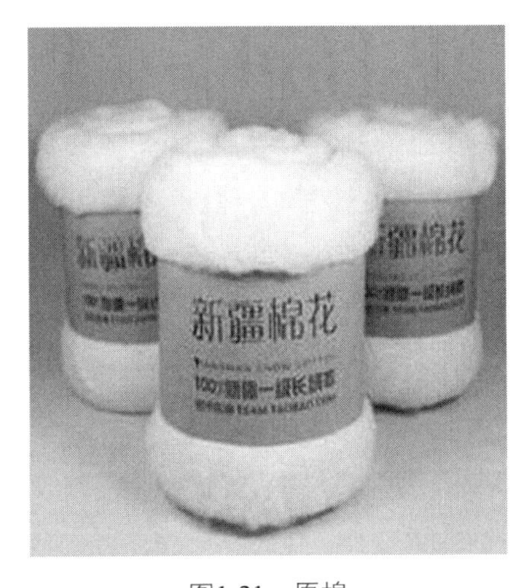

图1-21　原棉

图1-22　丝光棉衬衫面料

目前纺织行业使用的原棉，主要根据纤维的细度、长度和品质分为三类，即长绒棉（又称海岛棉）、细绒棉（又称陆地棉）、粗绒棉（又称亚洲棉或印度棉），见表1-3。

表 1-3　棉花的种类及特征

项目	长绒棉	细绒棉	粗绒棉
纤维长度	33～65mm	23～33mm	15～24mm
纤维细度	13～17μm	18～20μm	20～30μm
用途	可以纺3～7tex高档细纱，通常用于制造高档、轻薄、优质的服装面料	可以纺10tex以上的纯棉纱，也能与各种棉型化纤混纺	一般用于生产较低档次的产品，织制较粗厚或某些专用的棉织物，如绒布、民用絮棉、医用的药棉等
特征	高级品，纤维细而长，强度高，手感柔软，洁白有光泽。最著名的是埃及长绒棉，我国新疆也出产优质长绒棉	中级品，质量较长绒棉稍差，产量占世界上90%以上，在我国占棉花种植面积的98%	低级品，纤维短而粗，品质较差，近年已大多被细绒棉所取代

我国细绒棉的品级根据其成熟程度、色泽特征和轧工质量分为七个品级，一级最好，七级最差。三级为标准级，一至五级称为纺用棉，可纺普遍棉纱，其中一至二级棉，可纺精梳棉纱；六至七级棉只能纺低级棉纱或作絮胎用棉；七级以下为等外棉。

如129棉纤维，表示一级棉花，纤维长度为29mm，即第一位数字表示棉花等级，后两位数字表示纤维长度。

棉纤维通常呈白色，与其他纤维相比，棉的光泽通常较暗淡，风格较自然朴实，近几年在国际国内已相继开发出了彩色棉。

棉纤维的吸湿性较好，强度中等，高于羊毛，低于麻纤维，且湿强高于干强（一般高出10%～20%），因而棉制品具有便于洗涤的优点。

棉纤维还具有良好的耐碱性，可用碱性洗涤剂进行清洗。如加以20%～30%浓度的碱液处理，可使棉纤维直径膨胀，长度缩短，制品发生强烈收缩。此时，若施加张力，限制其收缩，棉制品会变得平整光滑，更显白净而富有光泽（这一加工过程称为丝光整理），可形成永久性的丝绸般的光泽；若不施加张力任其收缩，称为碱缩，碱缩主要用于针织物，使织物尺寸收缩，丰厚紧密，富有弹性，保形性好，不易走样。

棉纤维染色性较好，易于上染各种颜色；棉纤维易燃烧、易受霉菌等微生物的侵害发霉引起色变；也有洗涤后难以干燥，缩水性强、弹性较差，穿着时易起皱，起皱后不易恢复等缺点。为改善棉的这一性能，常对棉进行树脂整理，其典型产品如市场上出现的免烫衬衫、“形状记忆”的休闲裤等棉制品。棉制品耐磨性不够好，经常摩擦的地方会变薄，折叠的地方易损坏。通过棉纤维与化学纤维混纺，织物抗皱性、耐磨性得到改善。棉制品经济实用，用途极其广泛，在服装业、室内装饰及工业等领域有着大量应用。

1.4.2　麻

麻纤维是麻类植物的韧皮纤维或叶纤维的总称，是各种麻类植物经脱胶等工艺取得的纤维的统称，也是人类最早成为衣着的纺织原料。麻类植物很多，如苎麻、亚麻、大麻、黄麻、红麻、罗布麻、苘麻、剑麻、蕉麻等，服装面料中用得最多的是亚麻（flax）和苎麻（ramie），它们均属韧皮纤维（又称软质纤维）。

麻纤维是天然纤维中强度最大者，吸湿性极佳，标准状态下回潮率可达12%～13%，放湿散热快、透气性好，耐高温性，具有良好的抗霉、防蛀性能及导电性。麻纤维的主要成分为纤维素，其化学性能与棉纤维相仿，

麻纤维服装穿着吸湿透气、凉爽舒适、不贴身，是夏季服装、花边刺绣及室内用品的良好材料。但纯麻制品一般手感较粗糙、刚性大，弹性较差，易生褶皱，不耐磨、褶皱回复性和悬垂性都较差，穿着有刺痒感。一般根据服装造型或舒适性需要对织物进行柔软、抗皱或烧毛整理，或与较为柔软或抗皱性较好的纤维混纺。有时根据设计需要，人为地将麻织物施以起皱整理，风格独特。由于麻的加工成本较高，产量较少，加之其自然粗犷的独特外观迎合了近年来“返璞归真，重返自然”的消费主题，使麻成为一种尊贵的时髦纤维。

（1）苎麻　苎麻起源于中国，有“中国草”之称，目前中国、印度尼西亚、菲律宾、巴西是苎麻的主要产地。我国苎麻主要产于长江流域，我国苎麻中的纤维素含量高、强度高、光泽好，广受国际市场欢迎。苎麻原料如图1-23所示，由纯苎麻纺制的面料如图1-24所示。

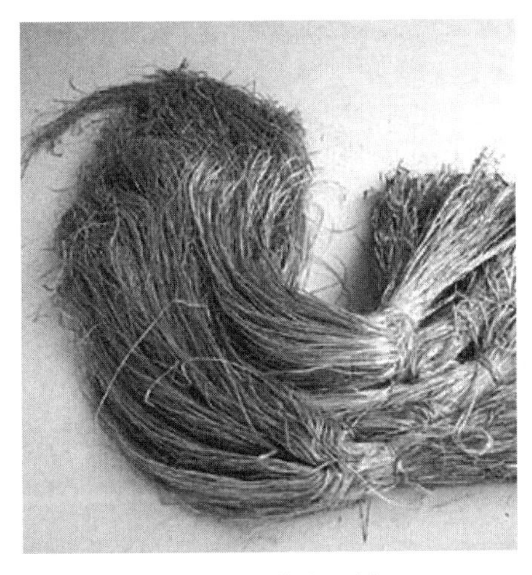

图1-23　苎麻原料

图1-24　纯苎麻面料

（2）亚麻　亚麻纤维是人类最早发现并使用的天然纤维。有关亚麻的发展史话，几乎和人类的文明史齐名。亚麻与我国的丝绸一样，是欧洲古老文明的象征，是高贵纺织品的代表。

亚麻是世界上最古老的作物之一，是天然纤维中唯一的束状纤维，亚麻在种植过程中无需使用除草剂和杀虫剂，可以说是一种绿色环保纤维。

亚麻纤维呈中空状，富含氧气，使厌氧细菌无法生存。亚麻制品具有显著的抑菌作用，对铜绿假单胞菌（绿脓杆菌）、白色念珠菌等国际标准菌株的抑菌率可达65%以上，对大肠杆菌和金色葡萄球菌珠的抑菌率高过90%以上。古代埃及法老的木乃伊都是被裹在结实的亚麻细布内，得以完整地保存至今。第二次世界大战期间，人们曾用亚麻布蒸煮液代替消毒水，清洗伤口。

亚麻的散热性能极佳，这是因为亚麻束纤维是由亚麻单细胞借助胶质粘连在一起形成的，因其没有更多留有空气的条件，亚麻织物的透气比率高达25%以上，能迅速而有效地降

低皮肤表层温度4～8℃。并且其具有天然的纺锤形结构和独特的果胶质斜边孔结构，当它与皮肤接触时产生毛细孔现象，可协助皮肤排汗，并能清洁皮肤。同时，它遇热张开，吸收人体的汗液和热量，并将吸收到的汗液及热量均匀传导出去，使人体皮肤温度下降；遇冷则关闭，保持热量。另外亚麻能吸收其自重20%的水分，所以亚麻织物手感干爽。亚麻是能够自然呼吸的织品，被誉为“纤维皇后”。

亚麻是所有纺织纤维中阻燃效果最好的纤维。消防队用的水龙带、消防队员穿的防火服，都是亚麻纤维制造的。

亚麻纺织产品中含有的半纤维素是吸收紫外线的最佳物质。半纤维素实际上是尚未成熟的纤维素。亚麻纤维含有的半纤维素在18%以上，比棉纤维高出数倍。当它成为衣着时，可以保护皮肤免受紫外线的伤害。

图1-25　亚麻原料

亚麻主要产于前苏联、波兰、德国、比利时、法国、爱尔兰等国。其中北爱尔兰和比利时为世界最大亚麻出口国。黑龙江、吉林是我国亚麻的主要产地。亚麻经纺纱织造形成各类织物，从精细轻薄到紧密、厚实的织物均可生产。主要用于制作高档衬衫、裙子以及高档台布、餐巾等。亚麻原料如图1-25所示，由亚麻制作的服装如图1-26所示。

图1-26　亚麻服装

（3）罗布麻　又称野麻，它是一种野生植物纤维。自古因入药而知名，《本草纲目》记载，它具有平心悸、止眩晕、消痰止咳、强心利尿等功效。织物中罗布麻含量在1/3时即具有医疗保健功效，故而尤其适合开发针织保健内衣等产品。它除了具有吸湿性好，透气、透湿性好，强力高等麻类纤维所具有的共性之外，还具有丝的光泽、麻的风格和棉的舒适性。它的纤维细而柔软，无其他麻纤维的粗硬、刺痒感，但因无天然卷曲、抱合力差，故不宜纯纺，最好混纺。罗布麻与其他纤维的混纺面料是男女夏装的优良面料，罗布麻与其他纤维的混纺纱可加工成内衣裤、护肩、护腰、护膝、袜子等，是优良的医疗保健产品。由罗布麻纤维编织的针织物及服装柔软滑爽、不贴身，具有吸湿、透气、散热等特点，且还具有丝般光泽，高雅华贵。

（4）大麻　大麻原是我国云南、新疆等地的一种毒性植物，因可以提炼毒品而被世界上各国禁种。后经科学家多年研究，对大麻品种改良，改良后的新品种完全不具备提炼毒品的特性，现统称为汉麻（china-hemp），是取英文“hemp”的音译。大麻纤维织物具有以下特点。

①手感柔软，穿着舒适。大麻纤维是麻类家族中最细软的一种，单纤维纤细而且

末端分叉呈钝角绒毛状。用其制作的纺织品无需特殊处理，就可避免其他麻类产品对皮肤的刺痒感和粗硬感，适于制作贴身衣物，如T恤衫、内衣、内裤和床上用品等。

②透气透湿，凉爽宜人。大麻纤维横断面为不规则的椭圆形和三角形，纵向多裂纹和空洞（中腔），因此大麻有较好的毛细效应和透气性，吸湿量大，且散湿速率大于吸湿速率，能使人体的汗液较快排出，降低人体温度。据测算，穿着大麻纤维制作的服装与棉织物相比，可使人体感觉温度低5℃左右。在烈日炎炎的夏天，即使气温在38℃以上，身着大麻服装的人也不会觉得热不可耐。由大麻制成的衣物凉爽，不粘身，是制作运动服、运动帽、劳动服、内衣和凉席等的理想材料。

③抑菌防腐，保健卫生。大麻纤维含有十多种对人体十分有益的微量元素，其制品虽未经任何药物处理，但对金黄葡萄球菌、铜绿假单胞菌、大肠杆菌、白色念珠菌等都有不同程度的抑菌效果，具有良好的防腐、防菌、防臭、防霉功能。有人用大麻绳扎系香肠或用大麻布裹肉，以防止食品变质，延长保鲜期。我国农村长期用大麻线纳鞋底，不仅结实耐穿，还可防臭、防脚癣；用大麻纤维密封水管接头，既结实又防漏水，还不腐烂；古人用大麻纤维包覆梁柱、雕塑，既坚牢又可防虫、防蛀；大麻纤维广泛用于食品包装、卫生材料、鞋袜、绳索等。

④耐热、耐晒性能优异。大麻纤维的耐热、耐晒和防紫外线辐射功能极佳。在370℃高温时大麻纤维也不改色，在1000℃时仅仅炭化而不燃烧。经测试，大麻织物无需特别的整理，即可屏蔽95%以上的紫外线，用大麻制作的篷布则能100%地阻挡强紫外线辐射。用它作篷布，晴天能防晒透气，雨天吸湿膨胀能起到防水作用。大麻纺织品还特别适宜做防晒服装、太阳伞、露营帐篷、高温工作服、烘箱传送带和室内装饰布等。

⑤隔声绝缘，功能奇特。由于大麻纤维横截面呈不规则的椭圆形或三角形，其分子结构呈多棱形，较松散，有螺旋纹，因此大麻纤维织物对声波和光波具有良好的消散作用。干燥的大麻纤维是电的不良导体，其抗电击穿能力比棉纤维高30%左右，是良好的绝缘材料。

综上所述，大麻纤维是一种具有天然色泽的高品质的天然纤维素纤维，是一种多功能的纤维材料。但是，大麻是所有麻纤维中最细（仅为苎麻纤维的1/3，宽度约7～15μm）、最短的一种，因而纺纱困难大。但大麻织物具有柔软、吸湿、透气、散热好，无粗硬、刺痒感，强度高等特点，而且还有良好的抗静电、绝缘、耐恶劣气候、防霉、抗菌、防臭功能和极好的抗腐蚀能力，宜采用汗布、毛圈、罗纹（弹力）等组织结构，面料适于制作内衣、T恤衫、运动服、袜子等产品，既可军用又可民用。

1.4.3 蚕丝

我国是蚕丝的发源地，早在4700年前我国古代人民就开始养蚕、缫丝、织绸。公元前210年，丝织技术传到日本，公元前128年经中亚细亚、波斯、罗马传到欧洲。此后中国的丝绸产品经过此路输向西方，这条商旅要道被誉为“丝绸之路”。后来又经海上“丝绸之路”，“丝绸之路北路”传到东南亚、中东、非洲等地。至今我国已创造了几千年渊远流长的丝绸文化，许多丝制品具有浓郁的中国传统手工艺特色。

蚕丝分为家蚕丝和野蚕丝，家蚕丝即桑蚕丝，是以桑叶为食料的桑蚕吐丝结茧，产于江浙、广东、四川等地；野蚕丝主要是柞蚕丝，是以柞树叶为食料的柞蚕吐丝结茧，主要产于辽宁、山东。丝织原料以桑蚕丝居多，少部分为柞蚕丝。

蚕茧通常指桑蚕茧，由桑蚕茧缫得的丝称为桑蚕丝。蚕丝是蚕的腺分泌物凝固形成的线状长丝，蚕丝吐出时，看似一根长丝，实际上是两根丝素由丝胶包覆而成，截面呈椭圆形，而每根单丝截面则呈三角形或半椭圆形，蚕丝纵向比较平直、光滑。丝素是蚕丝的主体，丝胶包覆在丝素外面，未脱胶的生丝较硬挺、光泽较柔和，为白色或淡黄色；脱胶漂白后颜色洁白，蚕丝变得柔软有弹性、光泽变亮，具有特殊的闪光。

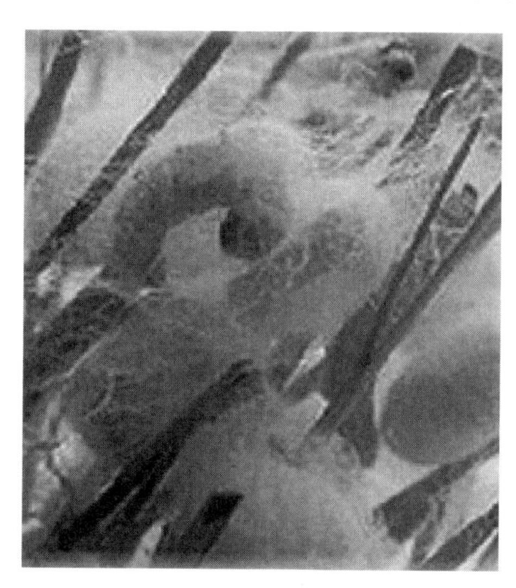

图1-27　桑蚕吐丝结茧

桑蚕茧由外向内分为茧衣、茧层和蛹衬三部分（如图1-27所示）。其中茧层可以缫丝（将蚕丝从蚕茧上分离下来，图1-28），用来做丝织原料（图1-29），茧衣与蛹衬因细而脆弱，只能用做绢纺原料，缫制后的废丝也可作丝棉和绢纺原料。

图1-28　缫丝

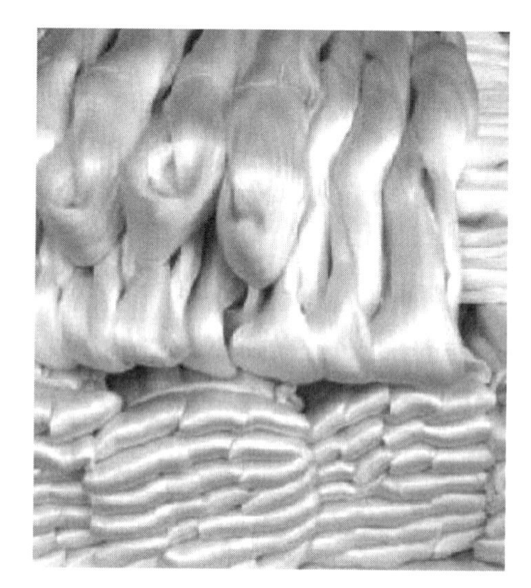

图1-29　丝织原料

生丝是经缫丝后合并形成长丝束，由于生丝外丝胶的存在使蚕丝的触感较硬、光泽较差，一般要在以后的加工中脱去大部分丝胶，形成柔软光亮的熟丝。脱胶后的蚕丝相互摩擦时会产生特殊的轻微声响，这就是蚕丝制品独有的丝鸣现象。

（1）桑蚕丝　桑蚕丝为纤细长丝，细度是天然纤维中最细的，也是天然纤维中唯一的长丝，一般长度在800～1000m。三角形截面使其光泽明亮。它质轻，细软，光滑，富有弹性。在天然纤维中，桑蚕丝的强度和断裂伸长率都比较理想，强度大于羊毛，接近棉纤维，湿态时强度有所下降；它的吸湿能力大于棉，小于羊毛，标准状态下回潮率可达8%～9%；具有良好的弹性，蚕丝染色性好，染色鲜艳。耐热性比羊毛好，但不如棉花，亚麻。耐光性比棉纤维和羊毛都差，不宜在阳光下曝晒。蚕丝的导热性在天然纤维中最小，保温性好，可用于冬季防寒絮料。蚕丝遇稀酸溶液不反应，但对碱的抵抗能力很差。蚕丝织物具有优异的悬垂性和柔和的手感，穿着滑爽、舒适，不会产生静电，没有起球现象。蚕丝柔软纤细、吸湿透气，最适于织制轻薄飘逸、凉爽舒适的夏季衣料；蚕丝织物的耐磨性较差，长时间在阳光下晾晒易脆损，汗液、浓酸、浓碱及漂白剂均会对其造成损害而使其性能降低。蚕丝能耐弱酸和弱碱，耐酸性低于羊毛，耐碱性比羊毛稍强。蚕丝织物经醋酸处理会变得更加柔软，手感松软滑润，光泽变好，所以洗涤丝绸服装时，在最后清水中可加入少量白醋，以改善外观和手感。与羊毛一样，蚕丝易被虫蛀也可发霉，白色蚕丝因存放时间过长会泛黄；蚕丝织物易被烧焦，慰烫温度不易过高。蚕丝自古便是一种高级服装材料，此外还可织制丝毯等装饰品原料。

（2）柞蚕丝　柞蚕生长在野外的柞树（即栎树）上，由柞蚕茧所缫制的丝称柞蚕丝。柞蚕丝截面比桑蚕丝扁平，并带有大小不等的毛细孔，其中丝素占72%～80%，丝胶占18%～25%，此外还含有少量色素、脂肪等。

柞蚕茧丝的平均细度为6.16dtex（5.6旦），比桑蚕茧粗。柞蚕丝未脱胶时为棕色、黄色、橙色、绿色等，柞蚕丝脱胶以后一般为淡黄色，色素不易去除，因而难以染色。柞蚕丝光泽不如桑蚕丝亮，手感不如桑蚕丝光滑，略显粗糙，强度比桑蚕丝高，且湿态强度增大。柞蚕丝的吸湿性好，穿着舒适，耐光性、耐酸性、耐碱性都优于桑蚕丝，但光泽度、光洁度、柔软度却不如桑蚕丝。常用于外衣、衬衫、女裙等日常生活装，作装饰布也别有韵味。柞蚕丝衣料有一大缺点：溅上清水会出现水渍。

（3）蚕丝的其他形式　见表1-4。

表1-4　蚕丝的形式

形式	特点
绢丝	绢丝是以蚕丝的废丝、废茧、茧衣等为原料，先加工成短纤维，然后再用类似棉花的纺纱工序纺成纱线 绢丝光泽优良，粗细均匀，强力与伸长度都较好。由于是用短纤维纺织而成，丝条内空气多，保暖性能好，吸湿性也好，适宜做睡衣等。缺点是多次洗涤后易发毛。常见的绢丝面料有雪花呢、疙瘩绸、竹节绸等
细丝	细丝比绢丝差一些，是以绢丝纺剩下的下脚丝、蛹衬为原料纺纱而成的，无论是外观还是强度都不如绢丝。这种原料蛹屑多，成纱粗细不均匀，光泽也差，但风格粗犷，手感柔软，在“回归自然”的浪潮中受到人们的青睐。细丝价格便宜，经济实惠，常用于纺织绵绸等织物，外观粗犷特殊，穿着柔软舒适
双宫丝	双宫丝是用双宫茧缫制的。双宫茧是两条蚕同做一个茧（图1-30），属于次茧的一种。双宫茧的两根丝头错乱地绕在一起，不可能将两根蚕丝整齐一致地抽出来，因而抽出来的丝往往松紧不一、粗细不一，丝上面有许多小疙瘩，光泽也较差（图1-31）。但正是由于这种缺点反而使这种丝织品面料厚重，别具风格，很受国内外市场的欢迎

图1-30　双宫茧

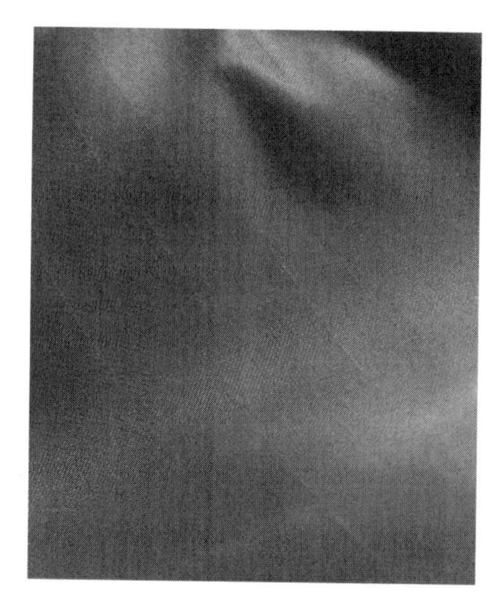

图1-31　双宫丝

1.4.4　羊毛

（1）绵羊毛　羊毛是取自羊身上的动物纤维，纺织用毛类纤维中，使用量最大的羊毛是绵羊毛，山羊毛中仅部分能供纺织用，因此通常所说的羊毛主要指绵羊毛。刚从绵羊身上剪下来的毛称为原毛，原毛中含有很多羊脂、羊汗和植物性草杂、灰尘等，必须经过洗毛、炭化等工艺去除各种杂质，才能用于纺织生产，生产出各种羊毛面料，如图1-32所示。大部分羊毛的洗净毛呈黄白色或象牙白色，少部分呈灰色、白色、棕黄色或棕褐色。由于绵羊的产地、品种、羊毛生长的部位、生长环境等的差异，羊毛的品质相差很大。一般细度越细，长度越长，羊毛品质越好。

图1-32　羊毛面料

羊毛属蛋白质纤维，由多种氨基酸组成，具有天然的卷曲形态，纤维较长，且表面有鳞片，好似鱼鳞瓦片，对毛纤维起保护作用。由于纤维蓬松而含空气，导热性又很小，因而保暖性极佳。

羊毛纤维强力较高但比棉纤维低，弹性、延伸性、悬垂性很好，使羊毛织物挺括不皱。它在天然纤维中吸湿性最好，标准状态下回潮率为15%～17%，不易产生静电，吸湿达到自重的20%～30%时，不显潮湿，穿着舒适。但毛纤维吸湿后，强度会下降10%～15%，导致抗皱能力和保型能力明显变差，因此高档毛织物应防止雨淋水洗，以维持其原有外观。

毛纤维弹性好，手感柔软，触感舒适，只有一些低品质的羊毛会引起刺痒感。羊毛纤维具有独特的服用性能，可织制各种衣料，特别适于冬季保暖性好的衣料，既舒适耐用，又美观高雅，深受人们喜爱。羊毛可织制各种装饰品，如壁挂、地毯等，还可织制工业呢绒、呢毯、衬垫等。

澳大利亚、俄罗斯、新西兰、阿根廷、土耳其、中国等国都是羊毛生产大国，尤其澳大利亚是全球最大的羊毛出口国，其主要品种美丽奴（Merino）羊毛纤维较细，品质优良，加之卓越的质量保证体系享誉全球，是高档毛制品的优良原料。

羊毛制品保型性好、有身骨、不易起皱；可塑性好，通过湿热定型易于形成所需造型，但在水、热和揉搓等机械外力的作用下，由于鳞片的存在，使纤维形成不可恢复的缠结而相互咬合毡缩，这就是羊毛独具的特性——缩绒性或毡缩性。在日常生活中由于对羊毛织物洗涤不当经常会发生缩绒现象，影响洗涤后的尺寸稳定性，对织纹清晰的薄型织物不利。工业生产中常采用破坏鳞片或填平鳞片的方法，使纤维表面光滑，以避免缩绒的发生。如市场上出现的防缩羊毛内衣、机可洗羊毛衫，都经过这样的加工。工业上还常利用羊毛的这种缩绒性，对毛制品进行缩绒处理，处理后的产品更加紧密厚实，表面有一层毛绒，手感柔软丰满，保暖性提高，形成粗纺毛制品的独特风格。

羊毛耐酸性比耐碱性强，对碱较敏感，不能用碱性洗涤剂洗涤。羊毛对氧化剂比较敏感，尤其是含氯氧化剂，会使其变黄、强度下降，因此羊毛不能用含氯漂白剂漂白，也不能用含漂白粉的洗衣粉洗涤。高级羊毛织物应采用干洗，以避免毡缩和外观尺寸的改变，与25%以上的锦纶、涤纶等合成纤维混纺的羊毛织物可以水洗。水洗羊毛时，应使用中性洗涤剂、温水，以轻柔的方式进行。羊毛制品熨烫温度为160～180℃，干热强力明显下降，应湿热整烫。羊毛耐热性不如棉纤维，洗涤时不能用开水烫，羊毛制品耐磨性较差，不耐日光照射，易被虫蛀，也可发霉，因此保存前应洗净、熨平、晾干，高级呢绒服装勿叠压，并放入樟脑球防止虫蛀。

图1-33　羊绒原料

（2）山羊绒　又称羊绒，是人们从山羊身上梳取下来的、紧贴山羊表皮生长的浓密细软的绒毛（见图1-33），最早产于亚洲克什米尔地区，故国际市场上习惯称山羊绒为克什米尔（Cashmere），我国取其谐音“开司米”。我国是羊绒的生产和出口大国，产量最高占世界的40%。我国山羊绒产地有内蒙古、宁夏、河北、甘肃和陕西等地，以内蒙古的产量最高。目前除我国外，伊朗、蒙古和阿富汗等国都是主要生产地区。以羊绒为原料生产的面料和服装如图1-34和图1-35所示。

图1-34　羊绒机织面料

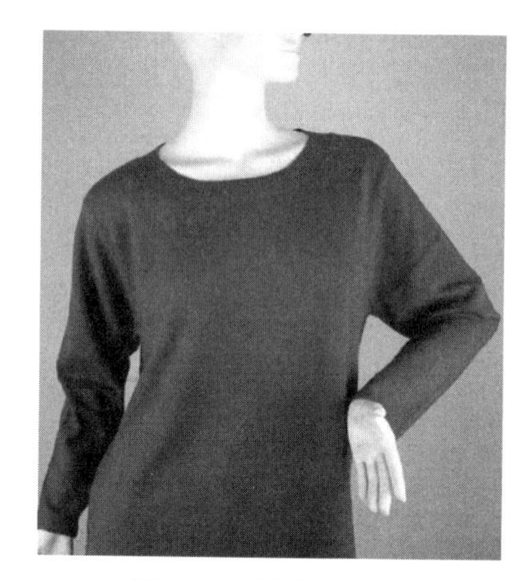

图1-35　羊绒针织毛衫

由于山羊生长在高原地区，为了抵御严酷的寒冷气候，除了外层有粗长的毛外，还长有一层细软的绒毛，也就是山羊绒。山羊绒由鳞片和皮质层组成，没有髓质层。鳞片边缘光滑，覆盖间距比绵羊毛大，密度为60～70个/mm，环状包覆于毛干上。它的强度弹性均比绵羊毛好。山羊绒的平均直径为14～16μm，长度为4～10cm，成卷曲状。颜色有紫、青、褐和白色几种，但白绒很少，紫绒最多。所以通常见到的羊绒衫多为米黄、浅灰、藏青、咖啡和黑色居多，具有细腻、轻盈、柔软、保暖性好等优点。由于其品质优、产量小（一只山羊产绒约100～200g）是服装中的珍品，价格以克重计算，素有“软黄金”的美誉，是价格昂贵的高档服用纤维，常用于羊绒衫、羊绒大衣呢、高级套装等制品。

市售山羊绒产品除羊绒衫外，还有开司米大衣即羊绒大衣，有些是用山羊绒和绵羊毛混纺而成的，并不是用纯山羊绒制成的。因此，选购时要弄清两者混纺比例，因为价格相差很多，当然性能也有所不同。例如羊绒衫和羊毛衫分别用山羊绒和绵羊毛制成，虽然只是一字之差，但价格却相差悬殊。

以山羊绒为原料的高档次的服装越来越受到消费者欢迎，但也应看到养殖山羊的危害，据统计每只山羊每年要破坏0.4～0.7hm^{2}植被，造成水土流失，恶化环境。因此山羊绒虽好，但只能适度发展。

（3）其他毛类纤维　见表1-5。

表 1-5　其他毛类纤维

类别	特点
山羊毛	山羊的毛发一般分为内、外两层。内层为柔软、纤细、滑糯、短而卷曲的绒毛，称为山羊绒，它是重要的高档纺织原料。外层是粗、硬、长而无卷曲的粗毛，即山羊毛。山羊毛因其粗硬而无卷曲，抱合力差，未经处理很难用于纺织生产。鉴于上述存在问题，科研人员通过化学变性和物理处理法等，使其手感风格、覆盖性能及弹性等都有所改善，很大程度上提高了山羊毛的利用价值

续表

类别	特点
马海毛	马海毛又称安哥拉山羊毛，是一种光泽很强的长山羊毛，目前南非、土耳其、美国是马海毛的三大产地 马海毛的毛质轻而有膨松特性，它的毛长120～15mm、细度10～90μm纤维表面鳞片少，重叠程度低，截面呈圆形，表面光滑平直，可形成闪光的特殊效果；纤维卷曲少、强度高，耐磨性好，有弹性，不易毡缩，洗涤容易；加入织物中可增加身骨，提高产品的外观保持性；马海毛是一种异质毛，夹杂有一定数量的髓毛和死毛。髓毛的含量与手感有关，质量上等的含量不超过1%，而劣等的含量达20%以上。因此同为马海毛，质量差异很大。 马海毛可以染亮丽的色泽，马海毛织物主要用于生产时装和针织毛衫。常与羊毛等纤维混纺，用于高档服装、羊毛衫、围巾、帽子等制品，还是生产提花地毯、长毛绒、顺毛大衣呢等的理想原料
兔毛	兔毛来源于安哥拉兔和家兔，安哥拉兔毛细长，毛质优良，而家兔品种较次。兔毛有绒毛和粗毛之分，绒毛细度为5～30μm，粗毛细度为30～100μm，长度为25～45mm。兔毛的髓腔发达，无论粗毛细绒都有髓腔，所以兔毛具有轻、软、保暖性优异的优点。但由于兔毛纤维鳞片不发达、卷曲少、强度较低，因此纤维间抱合力差，容易掉毛。所以兔毛很少单独纺纱，经常与羊毛或其他纤维混纺成针织物、大衣呢等产品。掉毛程度是衡量兔毛制品品质的重要指标
骆驼绒（毛）	骆驼有单峰驼与双峰驼两种，用于纺织的骆驼毛大多数取自于双峰骆驼。单峰驼毛较少，短且粗，很少使用。双峰驼的毛质轻，保暖性好，强度大，具有独特的驼色光泽，被广泛采用。骆驼身上的外层毛粗而坚韧，称为骆驼毛，在外层粗毛之下有细短柔软的绒毛，称为骆驼绒，骆驼绒是从骆驼身上自然脱落或梳绒采集获得。骆驼毛强度大，富有光泽，保暖性好，缩绒性差，多用于制衬垫、衬布、传送带等产品，经久耐用。骆驼绒可制成高档的粗纺织物和毛毯，也适用于作针织物或填充物，轻暖舒适
牦牛毛	牦牛毛主要产于我国的西藏、青海等地区。牦牛毛大多是黑色、褐色，少量白色。从牦牛身上剪下来的毛被中也有粗毛和绒毛，牦牛绒很细、柔软、滑腻、弹性好、光泽柔和、保暖性好，可与羊毛、化纤、绢丝等混纺，有很高的纺用价值。牦牛绒平均细度约20μm，长度30～40mm，断裂强力高于山羊绒、驼绒、兔毛。牦牛毛可作衬垫织物、帐篷、毛毡等产品
羊驼毛	羊驼属于骆驼科，主要产于秘鲁。羊驼毛强力较高，断裂伸长率大，加工中断头率低。与羊毛相比，羊驼毛长度较长（15～40cm），细度偏粗（20～30μm），不适合纺高支纱。羊驼毛表面的鳞片伏贴、鳞片边缘光滑，卷曲少、卷曲率低，顺、逆鳞片摩擦系数较羊毛小，所以羊驼毛富有光泽、有丝光感，抱合力小，防毡缩性较羊毛好。多用于制造夏季衣料、里料，也可用于大衣、毛衣、针织衫、披巾等制品，是国际市场上继羊绒之后又一流行的动物毛纤维
骆马毛	骆马是南美高原的一种野生动物，属骆驼科，性情凶猛，通常必须射杀后才能取得纤维。骆马毛平均直径只有13.2μm，是动物纤维中最细的，具有柔软、光泽好等优点，因此骆马毛是纺织纤维中最昂贵的一种，多用于高档时装

1.5 主要化学纤维

1.5.1 粘胶纤维（吸湿易染）

粘胶纤维是人造纤维素纤维的一个主要品种。由天然纤维素经碱化成碱纤维素再与二硫化碳作用生成纤维素黄酸酯，溶解于稀碱液得到黏稠的纺丝液，粘胶纤维由此

而得名。由溶液法纺丝制得，由于纤维芯层与外层的凝固速率不一致，形成皮芯结构（从横截面切片可明显看出）。粘胶纤维是普通化纤中吸湿最强的，吸湿性和透气性都比棉纤维好，标准状态下回潮率为13%～15%，不会产生静电，织物无起球现象，吸湿后显著膨胀，制成的织物下水收缩大，发硬。染色性很好，易上色，色鲜艳，色谱齐全。穿着舒适感好，耐热性优于丝、棉、腈纶、丙纶和尼龙。但粘胶纤维弹性差，强度小于棉纤维，吸湿后强度明显下降，湿态强度只有干态强度的50%左右，因此，粘胶纤维不耐水洗，缩水率大，尺寸稳定性差。密度大，织物重，耐碱不耐酸。耐磨性较差，易褶皱，但外表光滑，有丝一般的光泽。粘胶纤维耐光性较好，抗老化能力强，易于存储，但霉菌会对它造成损害。

粘胶纤维用途广泛，几乎所有类型的纺织品都会用到它，粘胶纤维分长丝和切断纤维两种。长丝俗称人造丝，用于织制丝绸衣料、被面和装饰织物。强力粘胶丝也用于制造轮胎帘子线和传送带等工业品。切断纤维依长度、细度和外观分为棉型、毛型、中长型和卷曲型。短纤维可以纯纺，也可以与其他纤维混纺，以改善其不足之处。

1.5.2　醋酯纤维（柔软滑爽）

醋酯纤维也是人造纤维素纤维的一大品种，它比粘胶纤维轻。醋酯长丝光泽优雅，手感柔软滑爽，有良好的悬垂性，酷似真丝，但强度不高。干态强度虽比粘胶纤维低些，而湿度下降约30%，幅度不像粘胶纤维那么大。醋酯纤维回潮率在6.5%，不会产生静电，无起球现象。醋酯纤维不同于其他纤维素纤维，需特殊的染料染色，染色性好，染后色艳，光泽、手感好，不霉蛀，洗后易干，耐光性差，不耐酸和碱，遇浓碱或酸会溶解。醋酯长丝是丝绸和针织业的重要原料，广泛用于成衣的衬里；醋酯短纤维用于同棉、毛或合成纤维混纺，织品难以沾污并易去污，易洗易干，不霉不蛀，富有弹性，不易起皱。在工业上，主要用于制作香烟过滤嘴。

1.5.3　涤纶（挺括不皱）

涤纶是合成纤维的第一大品种，学名聚酯纤维，我国商业名称为涤纶，国外也称“达可纶”“特丽纶”“帝特纶”等。涤纶是1953年开始在世界上正式投入工业化生产的。时间虽短，但由于原料易得，性能优良，衣用价值高，所以发展极为迅速，目前产量已在合成纤维中居首位。涤纶纤维通常是光滑的圆柱状，也有异形、中空形等。

涤纶纤维的尺寸稳定性、褶皱回复性、抗皱性都特别好，伸长回复率几乎与羊毛相同，在合成纤维中数耐热性最高，但遇火星易熔融。强度高（比锦纶稍低）、耐磨性好，具有良好的弹性，热塑性很好，不易变形。耐冲击性好，耐腐，耐蛀，耐酸不耐碱（耐酸碱性比锦纶好），耐光性很好（仅次于腈纶），曝晒1000h，强力保持60%～70%；但吸湿能力差，标准状态下，回潮率只有0.4%～0.5%。静电较大，易吸尘，易产生静电和起毛、起球现象。化学稳定性较好，常温下不会与弱酸，弱碱、氧化剂作用。吸湿性很差，染色性不佳，一般染料难以染色。不会受霉菌、细菌、蛀虫的损害，耐候性仅次于腈纶，织物易洗快干，保型性好，具有“洗可穿”的特点。

涤纶纤维的纺织性和服用性优良，用途广泛，可以纯纺，也可与天然纤维和其他化学纤维混纺或交织，用于生产服装面料，制作套装、衬衣等产品，风格繁多。涤纶纤维长丝常作为低弹丝，制作各种纺织品；短纤与棉、毛、麻等均可混纺，在室内装饰上用于制作窗帘、地毯等，在工业上，可制作轮胎帘子线、渔网、绳索、滤布、绝缘材料等，是目前化纤中用量最大的。

1.5.4 锦纶（结实耐磨）

锦纶学名聚酰胺纤维，美国产品名称为尼龙，是美国杜邦公司最先开发出来的产品，常用品种有锦纶6和锦纶66。最大优点是结实耐磨。耐磨性在纺织纤维中是最好的，其回弹性极好，悬垂性好。密度小，织物轻，耐疲劳破坏，化学稳定性也很好，耐碱不耐酸，可抵抗霉菌、蛀虫的侵害。锦纶是良好的导热体，热塑性较好，可以热定型，但易产生静电及起球现象。锦纶的染色性较好，可以用各类染料染色，但某些较深颜色的耐洗色牢度较差。最大缺点是耐日晒性较差，织物久晒就会变黄，强度下降，吸湿也不好（回潮率4.5%），但比腈纶，涤纶好。染色比其他合成纤维容易，耐虫蛀，受热后会熔融软化，易产生弹性变形和静电。

锦纶广泛用于服装、家居装饰、工业及土工用织物中。常用于生产弹力内衣、丝袜、泳衣、运动服等，在工业上用于制造帘子布、传送带、渔网、缆绳、篷帆、筛网等，在家居方面用于制造睡袋、地毯、旅行包等。

1.5.5 腈纶（膨松耐晒）

腈纶学名聚丙烯腈纤维，国外又称“奥纶”“阿克列纶”“开司米纶”等。腈纶纤维密度较小，蓬松，手感柔软，性能很像羊毛，所以有“合成羊毛”之称，但比羊毛轻而牢。其手感和保暖性比涤纶、锦纶都好；强度低于涤纶和锦纶，比氯纶结实；弹性伸长回复率好，弹性比涤纶、锦纶差些，接近羊毛。且具有独特的热收缩性，经再次热拉伸后骤冷的普通腈纶纤维在松弛状态下受到高温处理会发生大幅度回缩，利用这一特性可生产腈纶膨体纱。耐日光性与耐候性很好（在常见纺织纤维中居首位），对紫外线抵抗力优于其他合成纤维。耐酸性比涤纶、锦纶好，且耐虫蛀。耐热性比锦纶、涤纶差。吸湿性能比涤纶好，比锦纶差，标准状态下的回潮率为1.2%~2%。染色较困难，易产生静电。耐磨性在合成纤维中较差，耐磨性仅比黏纤和醋纤好，尺寸稳定性不够好。纯粹的丙烯腈纤维，由于内部结构紧密，服用性能差，所以通过加入第二、第三单体，改善其性能，第二单体改善弹性和手感，第三单体改善染色性。

腈纶许多性能与羊毛相似，防腐性优于羊毛，多用来与羊毛或其他化学纤维混纺

生产毛型织物，纯纺织制保暖防寒衣料和毛毯、人造毛皮。利用其特殊的热收缩性生产膨体纱。它还是绒线的主要原料。

1.5.6 维纶

维纶学名聚乙烯醇（缩甲醛）纤维，即通常所称的“维尼纶”。维纶是合成纤维中问世较晚的一种，它的最大特点是吸湿性好，其吸水性居所有合成纤维之冠，标准状态下，回潮率为4.5%～5%。柔软似棉，性能也与棉花相似，其强度、耐磨、耐晒、耐腐蚀性都比棉花好，比锦纶、涤纶差。密度比棉花小，吸湿率接近棉花，常被用作天然棉纤维的代用品，故又称“合成棉花”，由维纶纤维制作而成的服装透气、吸汗，不会有闷热感，穿着十分舒适。热传导率低，保暖性好。维纶的化学稳定性、耐腐蚀性和耐光性都较好，还不怕虫蛀。但维纶的耐热水性能较差，若将其在水中煮沸3～4 h，就可以使织物变形或部分溶解。弹性最差，织物易起皱，手感较硬，遇热水易软化，而后发硬，染色较差，色泽不鲜艳。

维纶以短纤维为主，大量用于与棉、粘胶等纤维混纺，可制作内衣、棉毛衫裤、运动衫裤等。由于服用性能的限制，一般用来织制较低档的服用织物，近年来随着维纶生产技术的发展，维纶广泛用于水产、农业、交通运输、化工、橡胶等领域。如渔网、绳缆、帆布、包装材料、非织造滤布、土工布等，有相当一部分是用维纶制造的。

1.5.7 丙纶（质轻保暖）

丙纶学名聚丙烯纤维，国外称“梅拉克纶”“帕纶”。丙纶纤维密度是常见的纺织纤维中最小的，只有0.918g／cm^3，比水还轻，它几乎不吸湿，不易染色，色谱不齐全。但具有良好的芯吸能力；强度、弹性、耐磨性都较好，强力和锦纶、涤纶相当，耐磨性次于锦纶而优于涤纶，制成的织物尺寸稳定，面料坚牢耐用，富有弹性。化学稳定性好，耐碱性好。织物手感较差，耐光、耐热性较差，不耐日晒，易于老化脆损。热稳定性差，熨烫温度不能超过100℃。由于纤维不吸湿，织品缩小率小，易洗易干。

丙纶产量在合成纤维中居第四位，以短纤维为主，由于服用性能不佳，只能织制低档服用织物。目前在外衣方面应用也日趋广泛，可与其他纤维混纺织制袜子、外衣、运动衣等。由于制造成本低廉，具有很强的防污、防臭能力，能抗菌、抗霉、抗微生物，大量用于地毯、装饰布、绳索、工业滤布、包装材料、土建布、渔网布、水龙带等。丙纶做成的纱布不粘伤口，医学上常代替棉纱布，做卫生用品。由丙纶中空纤维制成的絮片，质轻，保暖、富有弹性，新型超细丙纶丝是较好的服用材料。

1.5.8　氨纶（弹性优异）

氨纶纤维简称PU纤维。氨纶弹性优异，强度比乳胶丝高2～3倍，细度也更细，并且更耐化学降解。氨纶的耐酸碱性、耐汗、耐海水性、耐干洗性、耐磨性均较好。氨纶利用它的特性被广泛地使用于以内衣、女性用内衣裤、休闲服、运动服、短袜、连裤袜、绷带等为主的纺织领域、医疗领域等。氨纶是追求动感及便利的高性能衣料所必需的高弹性纤维。氨纶比原状可伸长5～7倍，所以穿着舒适、手感柔软，并且不起皱，可始终保持原来的轮廓。

1.5.9　氯纶（保暖难燃）

氯纶的强度与棉相接近，耐磨性、保暖性、耐日光性比棉、毛好。氯纶抗无机化学试剂的稳定性好，耐强酸强碱，耐腐蚀性能强，抗化学品能力比锦纶和腈纶好，耐日晒接近腈纶；导热性能比羊毛还差，因此，保温性强；电绝缘性较高，难燃。另外，它还有一个突出的优点，即用它织成的内衣裤可调节风湿性关节炎或其他伤痛，而对皮肤无安慰性或损伤。但是氯纶对有机溶剂的稳定性和染色性能比较差，吸湿性差，染色困难，弹性较差，耐热性极差。

1.6 常用纤维的性能比较

常用纺织纤维的性能比较见表1-6。

表 1-6　常用纺织纤维的性能比较

性能	定义	比较（由大到小排序）
吸湿性	吸湿性是指纤维材料在空气中吸收或放出气态水的能力，直接关系到服装穿着的舒适性能	羊毛，黄麻，粘胶纤维，麻，蚕丝，棉，维纶，锦纶，腈纶，涤纶，丙纶
比重	纤维的密度是指单位体积纤维的重量，它与服装的重量有关	丙纶，氨纶，锦纶，腈纶，维纶，醋酯纤维，羊毛，蚕丝，涤纶，铜氨纤维，麻，粘胶纤维，棉，玻璃纤维
强度	强度是指纤维受拉伸到断裂所需的力。由于各类纤维粗细不同，因此用相对强度（即每特纤维所能承受的最大拉力）来比较	麻，锦纶，丙纶，涤纶，维纶，棉，蚕丝，铜氨纤维，粘胶纤维，腈纶，氯纶，醋酯纤维，羊毛，偏氯纶，氨纶
伸长	纤维的伸长是指纤维被拉伸到断裂时所产生的伸长值，反映的是纤维的变形性能	氨纶，氯纶，锦纶，丙纶，腈纶，涤纶，羊毛，偏氯纶，蚕丝，粘胶纤维，维纶，铜氨纤维，棉，麻，玻璃纤维
耐磨性	耐磨性是指纤维承受外力反复多次作用的能力	锦纶，丙纶，维纶，涤纶，偏氯纶，腈纶，氨纶，羊毛，蚕丝，棉，麻，富纤，铜氨纤维，醋酯纤维，玻璃纤维

续表

性能	定义	比较（由大到小排序）
弹性模量	弹性模量是用来表示纤维受到拉伸力的作用产生变形的初始状态的指标，又称初始模量。弹性模量小，说明纤维易变形，用不大的作用力就能使纤维产生较大的变形；弹性模量大说明纤维要受到较大的作用力才开始产生变形。反映纤维硬挺或柔软的性能	麻，玻璃纤维，富纤，蚕丝，棉，粘胶纤维，氯纶，铜氨纤维，涤纶，腈纶，醋酯纤维，维纶，丙纶，羊毛，锦纶，偏氯纶
热性能	是指纤维在受热过程中，随温度的升高，分子运动加剧，纤维的物理机械状态也随之发生变化的性能。大多数合成纤维在热的作用下，会经过几个不同的物理机械状态，如玻璃化、软化、熔融等，而天然纤维素纤维和天然蛋白纤维的熔点比分解点还要高，所以这些纤维在高温下，将不经过熔融直接分解或炭化。根据不同的热性能，可控制适当的温度，进行服装的定型或平整处理	软化点：玻璃纤维，涤纶，锦纶66，维纶，腈纶，醋酯纤维，锦纶6，氨纶，丙纶，氯纶 熔融点：玻璃纤维，腈纶，醋酯纤维，涤纶，锦纶66，维纶，锦纶6，丙纶，氯纶 分解温度：粘胶纤维，铜氨，棉，蚕丝，麻，羊毛 耐干热性：玻璃纤维，芳香族聚酰胺，涤纶，腈纶，维纶，锦纶，棉，丙纶，羊毛，氯纶 耐湿热性：玻璃纤维，芳香族聚酰胺，腈纶，丙纶，棉，涤纶，维纶，羊毛，氯纶
耐日光性	是指纤维受日光照晒，强度损失的指标。这对经常露天穿用的服装较为重要	玻璃纤维，腈纶，麻，棉，羊毛，醋酯纤维，涤纶，偏氯纶，富纤，有光粘胶纤维，维纶，无光粘胶纤维，铜氨纤维，氨纶，锦纶，蚕丝，丙纶
比电阻	纤维表面的比电阻，在数值上等于材料表面宽度和长度都是1cm时的电阻值。电阻大表现为纤维易于积聚静电，吸附灰尘，粘贴皮肤和妨碍活动等	氯纶，丙纶，涤纶，锦纶，氨纶，羊毛，腈纶，维纶，蚕丝，棉，麻，粘胶纤维
耐酸性		丙纶，腈纶，涤纶，玻璃纤维，羊毛，锦纶，蚕丝，棉，醋酯纤维，粘胶纤维
耐碱性		锦纶，丙纶，玻璃纤维，棉，粘胶纤维，涤纶，腈纶，醋酯纤维，羊毛，蚕丝
易染纤维		棉，粘胶纤维，羊毛，蚕丝，锦纶
难染纤维		丙纶，氯纶

1.7 纺织纤维的命名

随着纺织纤维原料的不断开发，市场上不同纺织纤维的织物，纯纺、混纺或交织的纺织品越来越多，为了便于识别和区分，现将纺织纤维统一命名方法介绍如下。

1.7.1 纤维长度的命名

不同原料的纤维，它们的纤维长度不同；同种原料的纤维，它们的纤维长度也有差别。天然纤维的长度决定于它们的品种和生长条件，化学纤维的长度可根据需要任意调节。天然纤维除蚕丝之外，都属短纤维，但相比较而言，棉纤维的长度比较短，毛纤维的长度比较长，蚕丝纤维和化学纤维的长度更是要长上千百倍。对纤维长度的命名如表1-7所示。

表 1-7　纤维长度的命名

名称	命名原则
棉型纤维	通常人们把纤维长度在51mm以下，接近于棉纤维长度的称为棉型纤维，棉型纤维可以在棉纺设备上加工，其织物外观特征接近于棉织物
毛型纤维	人们把纤维长度在64～114mm之间，类似于羊毛纤维长度的称为毛型纤维，毛型纤维要在毛纺设备上加工，其织物外观特征和毛织物接近
中长纤维	是指介于棉纤维和毛纤维之间，纤维长度在51～76mm之间，可以在棉纺或中长设备上加工的仿毛型织物的纤维长度
长丝纤维	长丝纤维是指像蚕丝一样具有足够长度的纤维材料。化学纤维都是先制成长丝，然后再根据需要切段成不同的长度，纯纺或混纺，织制成不同风格的织物

1.7.2　天然纤维的命名

天然纤维的命名比较容易掌握，一般直接以品种名命名，如表1-8所示。

表 1-8　天然纤维的命名

名称	命名原则
棉	如棉花的纤维称为“棉”，全棉府绸、全棉卡其就是棉纤维织制的织物，涤棉细布、棉粘哔叽是棉与其他纤维混纺的织物
麻	亚麻、苎麻等的纤维简称为“麻”，麻布是麻纤维织制的织物，麻和其他纤维混纺或交织的比较多，如麻棉布、涤麻布等
毛	羊毛纤维简称为“毛”，全毛凡立丁、全毛驼丝锦、全毛华达呢等是羊毛纤维织制的织物（国家允许有5%～8%的其他纤维作装饰线和嵌条的，也称“全毛”），毛纤维混纺的称毛涤、毛腈、毛粘等
真丝	桑蚕丝简称为“真丝”，真丝双绉、真丝绸缎等是桑蚕丝纤维织制的丝织物
柞丝	柞蚕丝简称为“柞丝”，柞丝绸、鸭江绸等是用柞蚕丝织制的丝织物
驼毛	骆驼毛简称为“驼毛”
兔毛	兔毛就称“兔毛”

1.7.3　化学纤维的命名

化学纤维有人造纤维和合成纤维之分，而且每一种品种又有长丝和短纤维之分，所以命名与天然纤维有所不同，如表1-9所示。

表 1-9 化学纤维的命名

名称	命名原则
纤	“纤”人造纤维的短纤维，一般在简称后面加“纤”字。如粘胶短纤维简称“粘纤”，富强短纤维称“富纤”，醋酯短纤维称“醋纤”等
纶	“纶”合成纤维或其短纤维，简称“纶”。如聚酯纤维简称“涤纶”，也表示是聚酯短纤维；聚酰胺纤维简称“锦纶”，也表示是聚酰胺短纤维等
丝	“丝”化学纤维中的人造纤维和合成纤维，如果是长纤维的话，都在名字后面加“丝”字，如粘胶长纤维称“粘胶丝”或“粘丝”，富强长纤维称“富强丝”，涤纶长纤维称“涤纶丝”，锦纶长纤维称“锦纶丝”等。如一块面料叫“涤丝绸”，则可判断是涤纶长纤维织制的织物

1.7.4 混纺纤维的命名

混纺纤维的命名可分为下列两种。

（1）纤维混纺比例不同　命名原则是“比例多的放在前面，比例少的放在后面”，混纺原料间以分号“/”隔开。如“65/35涤棉”，表示涤65%、棉35%；如果棉65%、涤35%的话，称“65/35棉涤”。

（2）纤维混纺比例相同　命名时按天然纤维，合成纤维，人造纤维的顺序排列。例如粘胶纤维、羊毛纤维同比例混纺，称“毛粘”；涤纶纤维、羊毛纤维同比例混纺，称“毛涤”，粘胶纤维、涤纶纤维同比例混纺，称“涤粘”；羊毛纤维、粘胶纤维、涤纶纤维同比例混纺，称“毛/涤/粘”。

若含有稀有纤维，如山羊绒、兔毛、马海毛，不论比例高低，一律排在前面。

第2章　纱线

- 纱线的基本概念
- 纱线的分类
- 纱线的类型及用途

纱线是纤维通往织物的桥梁。同纤维相比较，纱和线的结构对纺织品的内在和外观质量有着更为直接的影响。

2.1 纱线的基本概念

除非织造布外，散乱的纤维是不能直接形成织物的。纺织纤维由于强度较差，纤维间没有抱合力，不能直接作为织造使用，只能将数根纤维纺制并合为丝、纱、线，才能供织造使用。在日常生活中常提到“纱线”，其实“纱”与“线”是不同的，可以说先有纱后有线。

2.1.1 单纱和股线的定义

所谓的纱线，是指纱和线的统称，使许多短纤维或长丝排列成近似平行状态并沿轴向旋转加捻组成具有一定强力和粗细的细长物体称之为纱，一根的称单纱；而两根或两根以上的单纱捻合在一起，则称为股线，简称线。可以根据合股纱的根数，分为双股线、三股线、四股线等。纱和线可作为梭织面料和针织面料的原料。线还可作缝纫线、绣花线、工艺装饰线，制绳等。

2.1.2 纱线细度的表示方法

大多数情况下，纱线的截面不是完全的圆形，容易被压扁，表面毛茸较多，而且整根纱线的粗细也不均匀，因而直接测量直径既费时又不准确，纱线的粗细程度难以用工具直接测量出来，一般直径表示法只在研究中才采用。通常情况下，用间接指标来表示纱线的细度。间接指标有多种，如特克斯、分特克斯、旦尼尔、公制支数、英制支数等。根据国务院1984年2月27日发布的《关于在我国统一实行法定计量单位的命令》，从1986年起，纺织纤维和纱线细度的法定计量单位为特克斯（tex）、分特克斯（dtex），简称特、分特。羊毛的细度单位仍可用品质支数表示。专业上将纱线的粗细程度用两种间接指标来表示，即定长制和定重制，见表2-1。

所谓回潮率，就是纱线含水重量占纱线干重的百分比，即：回潮率=（纱线湿重－纱线干重）/纱线干重×100%。由于纱线，尤其是天然纤维纱线具有较好的吸湿性，回潮率不同重量也不同，各种纱线的实际回潮率随温湿度条件而变，为了比较各种纱线的吸湿能力，往往把它们放在一个统一的标准大气条件下（我国规定的标准状态为湿度65%±3%，温度20℃±3℃），停留一定时间后它们的回潮率达到一个稳定值，这时的回潮率称为标准大气状态下的回潮率。但在贸易和成本计算中，纱线并非处于标准状态，而且标准状态下同一种材料的实际回潮率还与纤维本身的质量和含杂等因素有关，为了公平计量和核价，有了一个公认的回潮率，称为公定回潮率。它接近于标准回潮率，但不是标准条件下的回潮率。特克斯的重量都是指公定回潮率下的重量。纤维的种类不同，公定回潮率也不同，如棉纱8.5%（英制9.89%）、蚕丝11%、腈纶2%、粘胶13%等，更多公定回潮率可查相关手册。在实际应用中，往往是先将材料烘干，然后按干燥重量（1+公定回潮率）计算而得到公定重量。

表 2-1　纱线细度分类

分类	定义	说明
定长制	特克斯俗称特数或号数 特克斯（tex）=（G/L）×1000 式中，G为纱线的质量，g；L为纱线的长度，m 在公定回潮率下，1000m纱线的质量（g）。特克斯（俗称特数或号数）即为法定计量单位。其量值的1/10称为分特（dtex）。目前我国棉纱线和棉型化纤纯纺及混纺的纱线的线密度都用特数来表示 根据纱线的粗细又可分：毫特克斯（mtex）、分特克斯（dtex）和千特克斯（ktex）	特数的数值越大，表示纱线越粗 例如，有一种纯棉纱线，取1000m称重为18.2g，假设公定回潮率刚好为8.5%，则该纱称为18.2tex（或俗称18.2号） 股线特数等于单纱特数乘以股数，如 20 tex× 2为单纱是 20 tex的二合股线，合股线密度为 40 tex 当单纱tex数不同时，股线特数为各单纱特数之和，如 20 tex +30 tex，合股线密度为50tex
	旦尼尔又称纤度或旦 旦尼尔（D）=（G/L）×9000 式中，G为纱线的质量，g；L为纱线的长度，m 在公定回潮率下，9000m长纤维（或纱线）的质量（g）。常用于表示化纤长丝和蚕丝的细度	旦尼尔的数值越大，表示丝线越粗 例如，公定回潮率下，9000m长的丝重1g，称作为1旦；如重100g即称为100旦 天然纤维的生丝是由多根茧丝并合而成的，各根茧丝的粗细不尽相同，因此合并后的生丝粗细有差异，其旦数常用两个限度数字来表示，如 20/22旦，即说明其中有 20～22旦之间的差异
定重制	公制支数简称公支 公制支数（Nm）=L/G 式中，G为纱线的质量，g；L为纱线的长度，m 公制支数是采用公制计量单位的细度指标。在公定回潮率时，用1g纱线所具有的长度（m）来表示。目前我国的毛纱、毛型化纤纯纺及混纺纱的细度采用公制支数。主要用于表示毛纺纱线、亚麻纱及天然纤维等短纤维的细度，绢丝、䌷丝、羊毛均用公支表示。麻有时也用公支表示	公制支数值越大，纱线越细 例如，精梳毛纱1绞（每绞50m长），在公定回潮率下，称得质量为1.25g，则此精梳毛纱为50/1.25=40公支 由相同支数的单纱组成的股线其合股支数为组成股线的单纱支数除以股数表示，如 40 公支 / 2 则为40 公支的单纱二合股，其合股支数为 20 公支。如果股线的各根单纱的支数不同，则把单纱的支数并列，用斜线划开，如 24/28。股线支数的计算公式为： $Nm=\frac{1}{\frac{1}{N_1}+\frac{1}{N_2}+\frac{1}{N_3}+\cdots}=\frac{1}{\frac{1}{24}+\frac{1}{28}}\doteq 13$ 公支
	英制支数简称英支或（^{S}） 英制支数（Ne）=（L/G）×840 式中，L为纱线的长度，码；G为纱线的质量，lb(1Ib=0.45kg) 英制支数是采用英制计量单位的细度指标。在公定回潮率下，1lb重的棉纤维纱线长度有多少个840码，称多少英支（^{S}）。目前在棉纱中采用较多，尤其在进出口棉纱中，有时仍然被使用着。棉、粘胶短纤及与之混纺的合成纤维均用英支（^{S}）表示。麻有时也用（^{S}）表示	英制支数值越大，纱线越细 其应用与表达方式类似于公制支数，如32英支、40 英支、32 英支 /2、40 英支 /3 等 例如，有一种纯棉纱重1lb，测量其长度有32个840码，假设公定回潮率刚好为8.5%（英制公定回潮9.89%），则该纱称为32支纱 股线的细度表示方法同公支 注：不同种类的纱，规定长度是不同的。精梳毛纱英制支数的定义是，公定1lb的纱，长度有几个560码叫几支；麻纱的英制支数的定义是，公定1lb含有几个800码称为几支

纱线细度不仅影响服装面料的厚薄、重量，还影响面料的物理机械性能，如强力、拉伸性，弹性，耐磨性等，而且对其外观风格和服用性能也构成一定的影响。显

然纱线越细，织出的织物越轻薄，其外观紧密细致、光洁、柔软、色泽均匀，加工的服装越轻便，档次较高。而纱线越粗，织出的织物越厚重，其成品外观纹理较粗，织物强力较好，若织制起绒类织物，纱线应稍粗。纱线细度的均匀性直接影响面料外观。若粗细不匀性较大，会造成面料表面不平整，厚薄不均，光滑度不佳。纺高支纱，织轻薄面料是近年来服装行业的一个发展趋势，如高支精梳棉衬衫、高档轻薄羊毛面料等已逐渐成为服装之精品。

2.1.3 纱线细度指标之间的换算

过去我国习惯上棉、麻纤维细度用公制支数（Nm）表示；羊毛纤维细度用直径及品质支数表示；蚕丝、化纤细度用旦尼尔（D）表示；棉纱细度用英制支数（Ne）表示；毛、麻纱细度用公制支数（Nm）表示。它们之间可以换算，见表2-2。特克斯与其他指标的对照见表2-3。

表 2-2 纱线细度指标之间的换算公式

代号	旦（D）	公支（Nm）	英支（Ne）	精纺毛纱英支（Ne′）	麻英支（Ne″）
tex=	$\frac{D}{9}$	$\frac{1000}{Nm}$	$\frac{590.6''}{Ne}$	$\frac{885.8}{Ne'}$	$\frac{1654}{Ne''}$

例如，150旦的长丝，公制支数Nm为60公支，tex为16.67tex；一种纯棉纱为18.2tex，通过换算可知该纱为32支纱。

由于英制棉纱公定回潮率为9.89%，tex制的棉纱公定回潮率为8.5%，英制公定回潮率与公制公定回潮率不同，所以纯棉纱由英制支数与tex制换算时，系数590.5应改为583.1。

例如，32 英支棉纱，将其换算成Nm为54.9公支，换算成旦数为164旦，换算成线密度为 18.2tex。

不同材料混纺590.5系数也要作相应的修正，这个修正值也与混纺比有关，通常65/35涤棉纱为587.6；75/25棉粘纱为584.8；50/50维棉纱为587.0。

因纯化纤纱没有公定回潮率的差异，所以不考虑回潮率的因素，其换算常数为590.5。

表 2-3 特克斯与其他指标的对照

英制支数与特克斯对照	Ne	120	115	110	105	100	90	86	80	60	57	50
	tex	5	5.1	5.3	5.6	5.9	6.6	6.9	7.5	10	10.5	12
	Ne	42	40	36	34	32	30	28	24	21	20	18
	tex	14	14.5	16.5	17.5	18.5	19.5	21	25	28	30	33
	Ne	14	10	8	6	5	2	1				
	tex	42	59	74	100	120	300	590				

续表

公制支数与特克斯对照	Nm	200	180	140	125	120	100	90	84	77	72	69
	tex	5	5.6	7.1	8	8.3	10	11.1	11.9	13	14	14.5
	Nm	60	56	50	48	40	38	30	20	13	10	5
	tex	16.7	18	20	20.8	25	26.3	33	50	77	100	200
旦尼尔与特克斯对照	D	1	3	5	7	10	12	15	18	20	28	30
	dtex	1.1	3.3	5.5	7.8	11	13	17	20	22	31	33
	D	20	35	40	45	50	56	70	75	100	150	300
	dtex	22	39	44	50	56	62	78	82.5	110	167	330

2.1.4 纱线的捻度概念

（1）加捻　所谓加捻就像搓草绳一样，把几根稻草的一端合在掌心里进行搓动，或在裤腿上一搓，这就加了捻。加了捻的草绳强度加大，同样道理，纱的强度也随捻度（单位长度内捻回数的多少）增大而增大，当然如果超出临界值则强度反而降低。一般经加捻后，可使纱线具有一定的强度、弹性、手感及光泽等。

（2）捻度　捻度是指纱线沿轴向，单位长度内的捻回数，是表示纱线加捻程度的指标。法定计量单位为“捻 / m”或“捻 / 10cm”，即以1m长度或10cm长度内的捻回数来表示捻度。捻度不同，纱线的强力、弹性、伸长率、光泽、柔软性等都有差异。

纱线捻度对服装面料的许多方面都有影响。捻度增大，则面料光泽减弱，手感变硬，蓬松度下降，表面较光洁。强力则随捻度增大而增大，但超出临界值则强力反而下降。捻度大的纱线，缩水率大，染色性不好。因此，不同的面料对纱线的捻度要求不同。绒类织物，捻度要小，便于起绒。滑爽感强的织物，则捻度要大，如巴厘纱、双绉、乔其纱。若纱线捻度过小，则强度较差，织物容易起毛起球，特别是合成纤维织物。

（3）捻向　加捻纱中纤维的倾斜方向或加捻股线中单纱的倾斜方向称为捻向，可分为“S捻”和“Z捻”（图2-1）。S捻：加捻后，自下向上看，纤维或单纱自右下向左上倾斜为S捻，或称右捻、顺手捻。Z捻加捻后，自下向上看，纤维或单纱自左下向右上倾斜称为Z捻，或称左捻，反手捻。

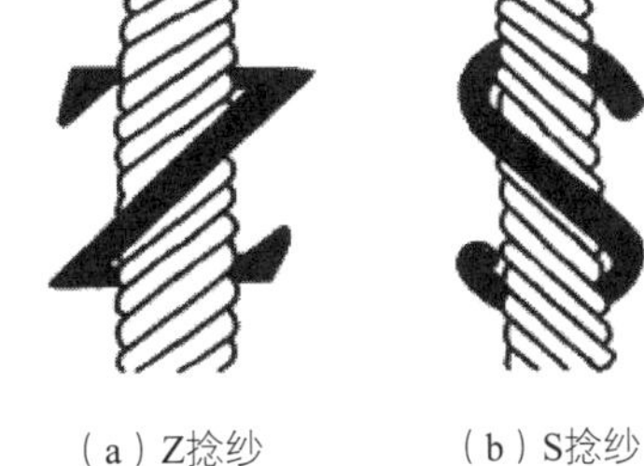

（a）Z捻纱　　（b）S捻纱

图2-1　S捻与Z捻示意图

纱线的捻向与服装面料的外观手感有很大关系。利用经纬纱捻向和织物组织相配合，可织造出组织点突出、清晰、光泽好、手感适中的织物。利用S捻与Z捻纱线的间隔排列，可使织物产生隐条、隐格效应。此外，利用强捻度及捻向的配置，可织造皱纹效应的面料。

2.2 纱线的分类

纱线种类很多，性能各异，按纺纱所用原料的不同有棉纱、毛纱、绢丝纱、麻纱、化纤纱及混纺纱等种类。按所用纤维长度的不同，有短纤维纱、长丝纱及由短纤维和长丝组合成的纱（包芯纱）等。一般可以下几个方面来分类。

（1）按原料组成分类　见表2-4。

表 2-4　纱线按原料组成的分类

分类	说明
纯纺纱线	由一种纤维原料纺成的纱线，如纯棉纱线、纯毛纱线、纯粘胶纱线
混纺纱线	由两种或两种以上不同种类的纤维原料混合纺成的纱线，目的在于取长补短，提高纱线的性能，增加花色品种。如涤纶与棉的混纺纱、羊毛与粘胶纤维的混纺纱等
交捻纱线	由两种或两种以上不同纤维原料或不同色彩的单纱捻合而成的纱线，目的在于改进纱线的性能，产生装饰效果
混纤纱线	利用两种长丝并合成一根纱线，以提高某些方面的性能。如醋酯长丝和涤纶长丝并合成一根纱线，可提高强度和抗皱性

（2）按纱线粗细分类　见表2-5。

表 2-5　棉与毛纱的粗细划分

分类	棉或棉型/tex	毛或毛型
特细支纱	≤10	≥80公支
细支纱	11～20	32～80公支
中支纱	21～31	—
粗支纱	≥32	＜32公支

常用纱线的规格如下。

棉纱：12tex、14.5tex、18.5tex、21tex、28tex、33tex等。

毛纱：10tex、11.8tex、12.3tex、15.5tex等。

绢丝：4.76tex、5.9 tex、7.14tex等。

桑蚕丝：14.3/16.5dtex、22/24.2dtex、30.8/33dtex、38.5dtex、77dtex等。

化纤长丝：56dtex、66dtex、82.5dtex、110dtcx、167dtex等。

（3）按纺纱工艺分类　见表2-6。

表 2-6　纱线按纺纱工艺的分类

分类	说明
精梳纱	精梳棉纱是指通过精梳工序纺成的纱。纱中纤维平行伸直度高，条干均匀、光洁，但纺纱成本较高、纱支较高。主要用于织制较细薄、高档的织物

续表

分类	说明
粗梳纱（也称普梳纱）	粗梳纱是指按一般的纺纱系统进行梳理，不经过精梳工序纺成的纱。粗梳纱中短纤维含量较多，纤维平行伸直度差，结构松散、毛茸多、纱支较低、品质较差。此类纱多用于一般面料和针织品的原料，如中特以上棉织物
废纺纱	废纺纱是指用棉纺织下脚料（废棉）或混入低级原料纺成的纱。纱线品质差、松软、条干不匀、含杂多、色泽差，一般只用来织造粗棉毯、厚绒布和包装布等低级的产品

（4）按纱线的染色及后加工分类　见表2-7。

表 2-7　纱线按其染色及后加工分类

分类	说明
本色纱	又称原色纱，纱线未经染色加工，保持纤维原色
漂白纱	原色纱线经过练漂加工，成为漂白纱
染色纱	原纱在织造工艺前先经练染，染成所需颜色的色纱，供色织用
丝光纱	纱线经过丝光处理，分丝光漂白纱和丝光染色纱
色纺纱	如果先将纤维进行染色，然后用带色纤维纺制的有色纱称为色纺纱
混纺色纱	利用不同颜色的纤维或不同深浅度的同色纤维混纺而成，或用混纺色纱再并捻成股线。混纺色纱具有特殊的配色风格，例如黄与蓝混纺产生的绿色，完全不同于任何黄与蓝的染料混合而得的绿色，因为混纺纤维是各自保留着某种程度的颜色再纺成纱，呈现出某种颜色效应，而染料混合仅是其原有某两种颜色的混合效应。此外还可用两种不同吸色的原料的纱组合并加捻成股线，而显现出不同色彩的深浅度
原彩色丝	许多合纤长丝制成时就带有彩色，也就是在制作纺丝原液时就已加入各种需要的颜色，有色原液经过纺丝喷头再纺成彩色长丝，如各种色彩的醋酯丝等。这种丝的颜色牢度高，色泽均匀

（5）按纱线形态结构分类　见表2-8。

表 2-8　纱线按其形态结构的分类

分类		说明
短纤维纱线		由短纤维经纺纱加工而成的纱线。如天然纤维中的棉、毛、麻纱线均为短纤维纱线。化学纤维可制成短纤维纱线，如粘胶、腈纶短纤维纱线，短纤维纱一般结构比较疏松，含有较多的空气，且毛茸多，光泽较差，故具有良好的手感及覆盖能力。用它织成的面料有较好的舒适感及外观特征（如柔和的光泽、手感丰满等），适当的强度和均匀度
长丝	普通长丝	由一根或数根长丝加捻或不加捻并合在一起形成的丝线。天然长丝线如蚕丝，化纤长丝线如人造丝、涤纶丝、锦纶丝。其中由单根长丝构成的称单丝，由两根或两根以上长丝构成的称复丝 普通长丝具有普通外观结构，截面分布规则，近似圆形，如单丝、复丝、捻丝、复合捻丝。它们表面光滑，光泽好，摩擦力小，覆盖能力较差。但具有良好的强度和均匀度，可制成较细的纱线。用它织成的面料手感光滑、凉爽，且光泽明亮、均匀平整，其强力和耐磨性优于短纤维纱织物
	变形长丝	变形长丝是利用合成纤维受热塑化变形的特点经机械和热的变形加工，使伸直的合成纤维变形为具有卷曲、螺旋、环圈等外观特征的长丝
花式纱线		除了长丝和短纤维纱线以外，为了丰富面料的外观，改善面料的服用性能，还生产各类花式纱线。花式纱线是指通过各种加工方法而获得的具有特殊外观、手感、结构和质地的纱线。主要表现为纱线颜色上变化的花色线和外表形态颜色均变化的花式线。主要有混色线、段染线、双色或多色螺旋线、包缠、包芯、竹节、大肚、彩点、波形、辫子、毛巾、圈圈、结子、羽毛、牙刷、蜈蚣、带子、段染、雪尼尔等等。花式纱线丰富了面料的外观，同时也改善面料某些服用性能

2.3 纱线的类型及用途

纱线的类型及用途见表2-9。

表 2-9　纱线的类型及用途

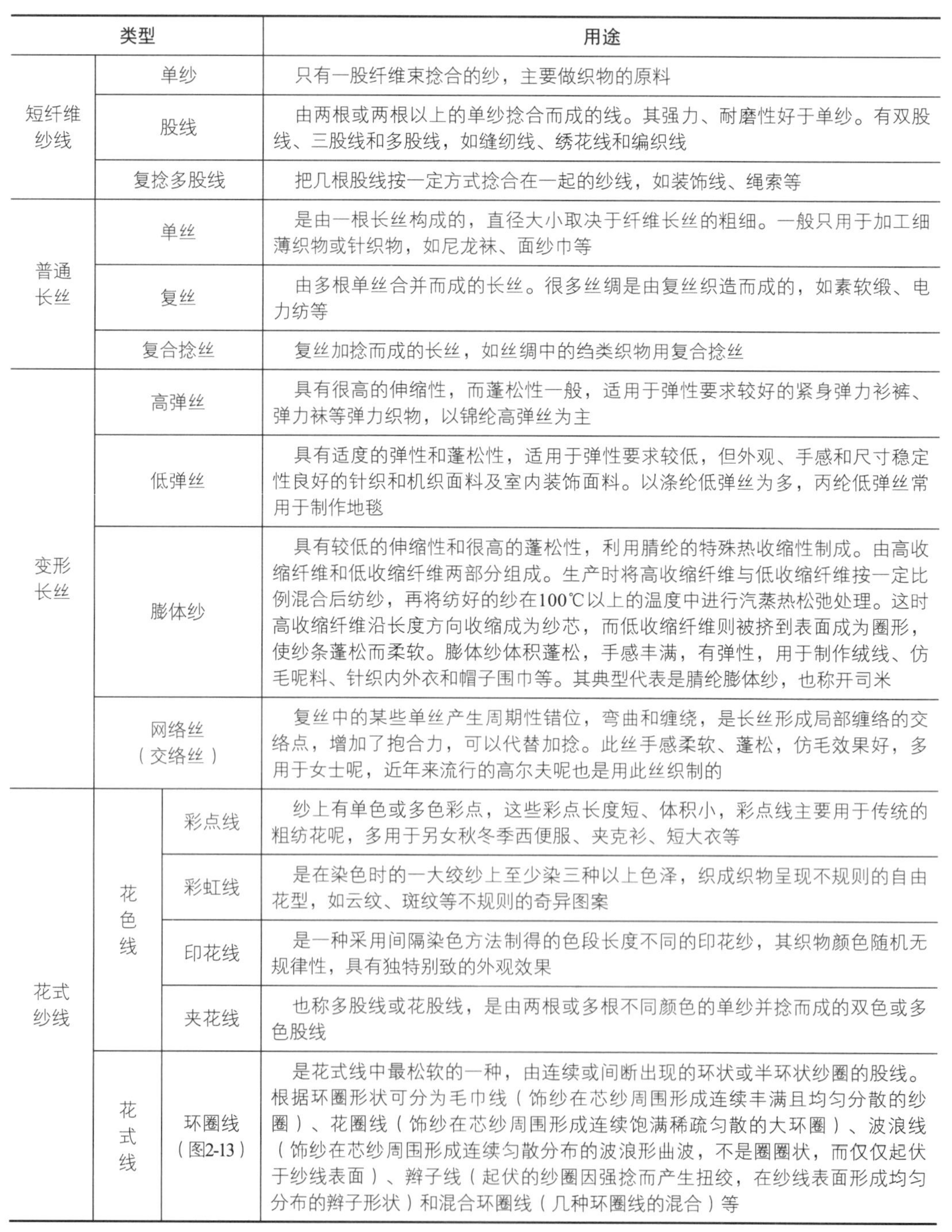

类型			用途
短纤维纱线	单纱		只有一股纤维束捻合的纱，主要做织物的原料
	股线		由两根或两根以上的单纱捻合而成的线。其强力、耐磨性好于单纱。有双股线、三股线和多股线，如缝纫线、绣花线和编织线
	复捻多股线		把几根股线按一定方式捻合在一起的纱线，如装饰线、绳索等
普通长丝	单丝		是由一根长丝构成的，直径大小取决于纤维长丝的粗细。一般只用于加工细薄织物或针织物，如尼龙袜、面纱巾等
	复丝		由多根单丝合并而成的长丝。很多丝绸是由复丝织造而成的，如素软缎、电力纺等
	复合捻丝		复丝加捻而成的长丝，如丝绸中的绉类织物用复合捻丝
变形长丝	高弹丝		具有很高的伸缩性，而蓬松性一般，适用于弹性要求较好的紧身弹力衫裤、弹力袜等弹力织物，以锦纶高弹丝为主
	低弹丝		具有适度的弹性和蓬松性，适用于弹性要求较低，但外观、手感和尺寸稳定性良好的针织和机织面料及室内装饰面料。以涤纶低弹丝为多，丙纶低弹丝常用于制作地毯
	膨体纱		具有较低的伸缩性和很高的蓬松性，利用腈纶的特殊热收缩性制成。由高收缩纤维和低收缩纤维两部分组成。生产时将高收缩纤维与低收缩纤维按一定比例混合后纺纱，再将纺好的纱在100℃以上的温度中进行汽蒸热松弛处理。这时高收缩纤维沿长度方向收缩成为纱芯，而低收缩纤维则被挤到表面成为圈形，使纱条蓬松而柔软。膨体纱体积蓬松，手感丰满，有弹性，用于制作绒线、仿毛呢料、针织内外衣和帽子围巾等。其典型代表是腈纶膨体纱，也称开司米
	网络丝（交络丝）		复丝中的某些单丝产生周期性错位，弯曲和缠绕，是长丝形成局部缠络的交络点，增加了抱合力，可以代替加捻。此丝手感柔软、蓬松，仿毛效果好，多用于女士呢，近年来流行的高尔夫呢也是用此丝织制的
花式纱线	花色线	彩点线	纱上有单色或多色彩点，这些彩点长度短、体积小，彩点线主要用于传统的粗纺花呢，多用于另女秋冬季西便服、夹克衫、短大衣等
		彩虹线	是在染色时的一大绞纱上至少染三种以上色泽，织成织物呈现不规则的自由花型，如云纹、斑纹等不规则的奇异图案
		印花线	是一种采用间隔染色方法制得的色段长度不同的印花纱，其织物颜色随机无规律性，具有独特别致的外观效果
		夹花线	也称多股线或花股线，是由两根或多根不同颜色的单纱并捻而成的双色或多色股线
	花式线	环圈线（图2-13）	是花式线中最松软的一种，由连续或间断出现的环状或半环状纱圈的股线。根据环圈形状可分为毛巾线（饰纱在芯纱周围形成连续丰满且均匀分散的纱圈）、花圈线（饰纱在芯纱周围形成连续饱满稀疏匀散的大环圈）、波浪线（饰纱在芯纱周围形成连续匀散分布的波浪形曲波，不是圈圈状，而仅仅起伏于纱线表面）、辫子线（起伏的纱圈因强捻而产生扭绞，在纱线表面形成均匀分布的辫子形状）和混合环圈线（几种环圈线的混合）等

类型			用途
花式纱线	花式线	螺旋线	是由不同色彩、纤维、粗细或光泽的纱线捻合而成。一般饰纱的捻度较少，纱较粗，它绕在较细且捻度较大的纱线上，加捻后，纱的松弛能加强螺旋效果，使纱线外观好似旋塞。这种纱弹性较好，织成的织物比较蓬松
		结子线（图2-18）	也称疙瘩线或毛虫线。其特征是饰纱围绕芯纱，在短距离上形成一个结子，结子可有不同长度、色泽和间距。长结子称为毛虫线，短结子可有单色或多色
		竹节纱（图2-15）	其特征是具有粗细分布不匀的外观。有粗细节状竹节纱、疙瘩状竹节纱、蕾状竹节。纱和热收缩竹节纱等。根据使用原料又有短纤维竹节纱和长丝竹节纱等。竹节纱可用于织制轻薄的夏季织物和厚重的冬季织物，花型醒目，风格别致，立体感强
		大肚线（图2-17）	主要特征是两根交捻的纱线中夹入一小段断续的纱线或粗纱。输送粗纱的中罗拉由电磁离合器控制其间歇运动，从而把粗纱拉断而形成粗节段，该粗节段呈毛茸状，易被磨损。但是由它织成的织物花型凸出，立体感强，像远处的山峰和蓝天上的白云
		雪尼尔线	是一种特制的花式纱线，其特征是纤维被握持在合股的芯纱上，形状如瓶刷，手感柔软，广泛用于植绒织物、穗饰织物和手工毛衣，具有丝绒感，可以用作家具装饰织物、针织物等
		断丝线	是在两根交捻的纱线中夹入断续的饰纱即人造丝（或粗纱），根据断续饰纱的外观形成不同装饰效果
		包芯纱线	一般由芯纱和外包纱所组成。芯纱在纱的中心，通常为强力和弹性都较好的合成纤维长丝（涤纶或锦纶丝），外包棉、毛等短纤维纱，这样就使包芯纱既具有天然纤维的良好外观、手感、吸湿性能和染色性能，又兼有长丝的强力、弹性和尺寸稳定性。通常把短纤维作为芯纱，而以长丝作为外包纱时称为包缠纱
		金银线	金银丝线大多是涤纶薄膜上镀一层铝箔，外涂明树脂保护层，经切割而成，如铝箔上涂金黄涂层的为金丝，涂无色透明涂层的为银丝，涂彩色涂层的为彩丝。由于金银丝具有金光闪闪的色彩，因此近年来用途很广，无论在服装材料还是装饰品上用了金银丝后，产品便会显得华贵、高雅、绚丽夺目

花式纱面料见图2-2～图2-13。

图2-2　各类花式机织面料

图2-3　段染纱针织面料

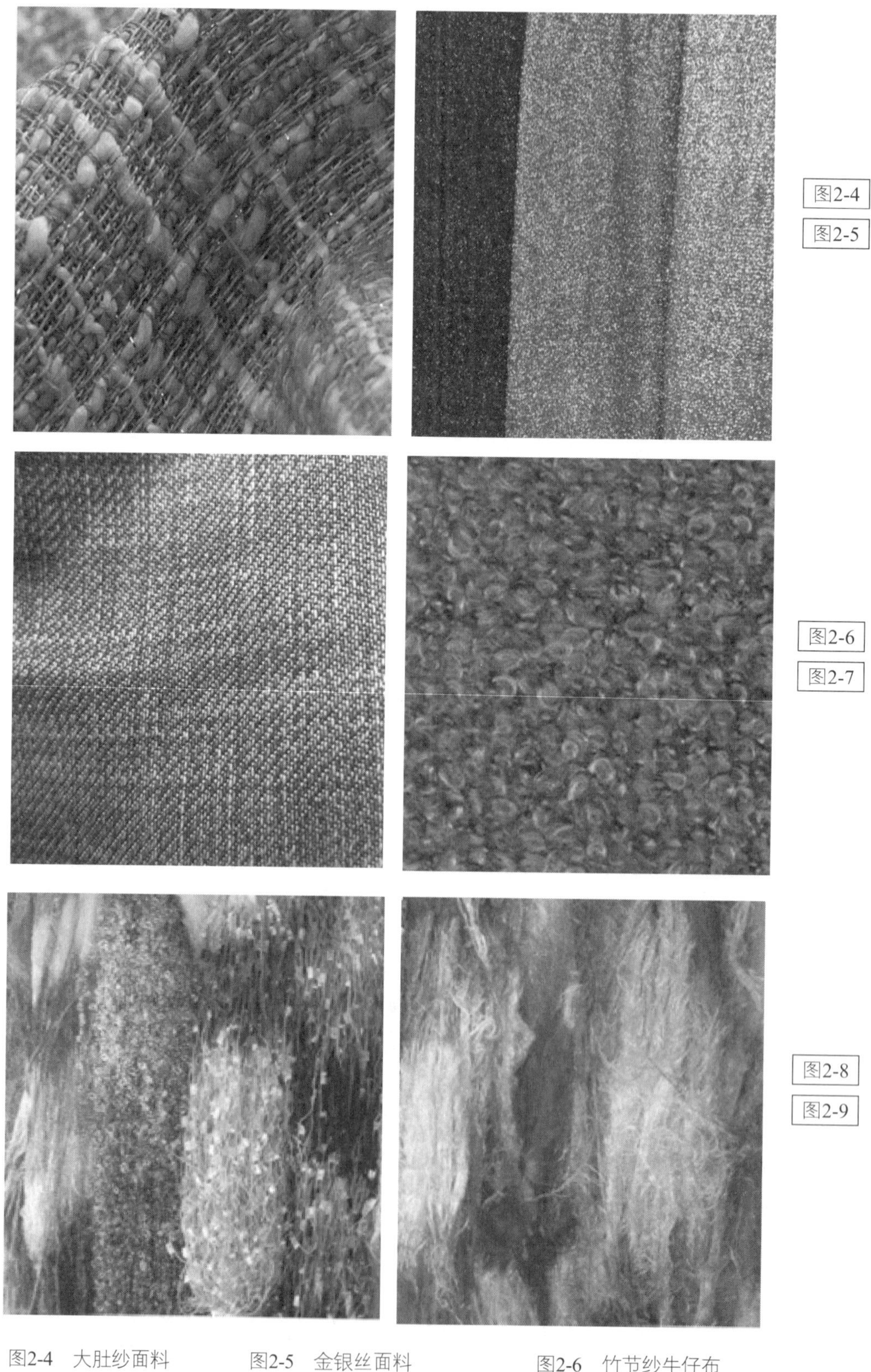

图2-4　大肚纱面料　　图2-5　金银丝面料　　图2-6　竹节纱牛仔布

图2-7　环圈纱面料　　图2-8　各类花式纱线（一）　　图2-9　各类花式纱线（二）

图2-10　各类花式纱线　　图2-11　金银丝线面料

图2-12　段染纱　　图2-13　渐变花式纱

花式纱线见图2-14～图2-19。

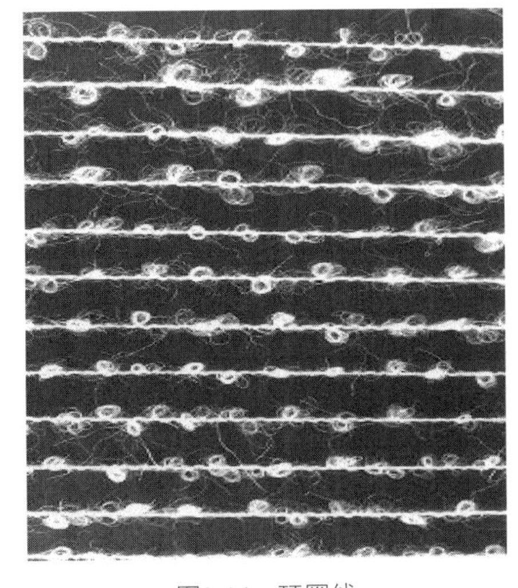

图2-14　环圈线

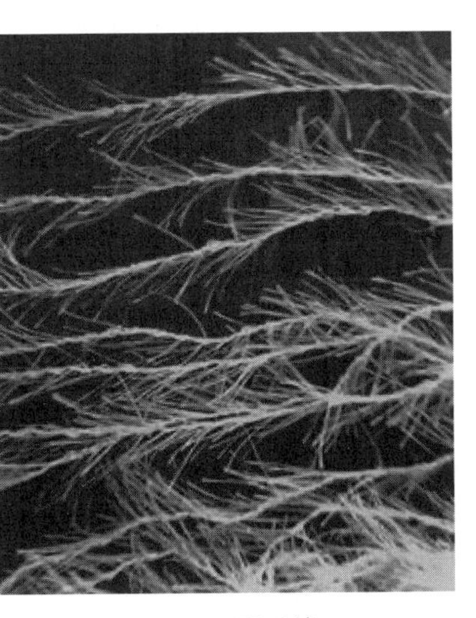

图2-15　羽毛线

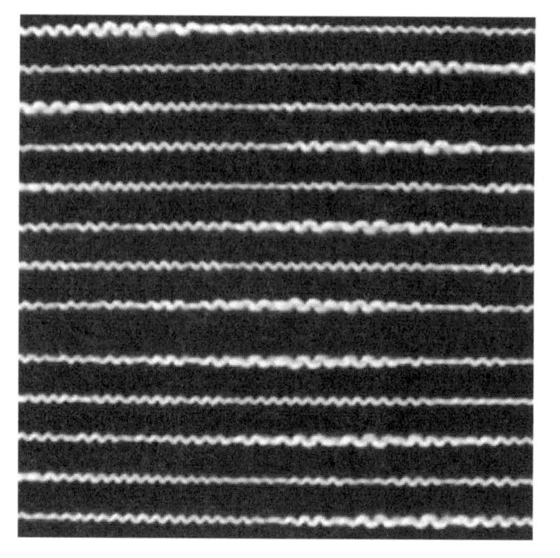

图2-16　竹节纱

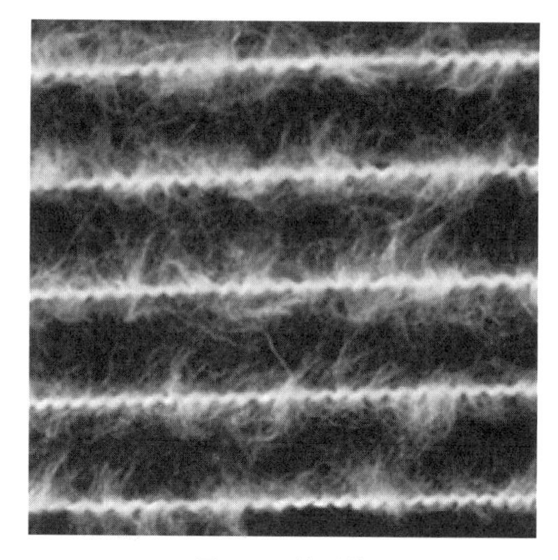

图2-17　拉毛线

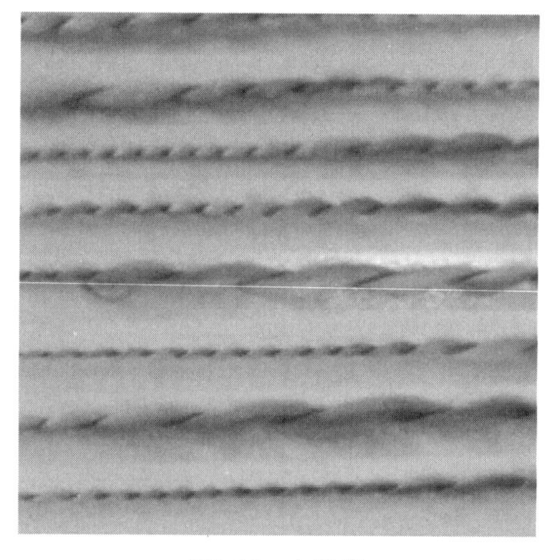

图2-18　大肚线

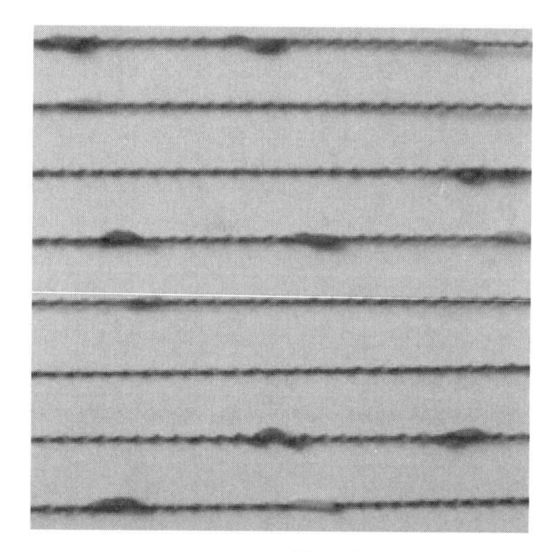

图2-19　结子线

第3章　织物

- 织物的分类
- 织物的规格术语
- 机织物的分类
- 针织物的分类

3.1 织物的分类

3.1.1 按照织物用途分类

可分为衣着用纺织品、装饰用纺织品、工业用纺织品三大类。

（1）衣着用纺织品　衣着用纺织品包括用于制作服装的各种纺织面料、纺织辅料等。

（2）装饰用纺织品　装饰用纺织品在品种结构、织纹图案和配色等方面较其他纺织品更有突出特点，也可以说是一种工艺美术品。装饰用纺织品可分为室内用纺织品、床上用纺织品和户外用纺织品。

（3）工业用纺织品　工业用纺织品使用范围广，品种很多，常见的有篷盖布、枪炮衣、过滤布、筛网、路基布等。

3.1.2 按生产方式分类

根据生产方式的不同，织物大体可分为梭织物、针织物、非织造布、复合织物、编织物，这也是服装用织物最常用的分类方法，见表3-1。

表 3-1　织物按生产方式分类

分类	图示	说明
梭织物		梭织物是由以90°配置的经纬纱线，在织机上按照一定规律纵横交织成的织物。纵向的纱线叫经纱，横向的纱线叫纬纱。经纱和纬纱之间的每一个相交点称为组织点，它是梭织物的最小基本单元。梭织物一般比较紧密，挺硬
针织物	纬编织物 经编织物	由一根或一组纱线在针织机的织针上顺序弯曲形成线圈，并相互串套联结而成的织物。线圈就是针织物的最小基本单元，在纱线形成线圈的过程，可以横向或纵向地进行，横向编织称为纬编织物，而纵向编织称为经编织物。针织物的线圈高度和宽度在不同张力条件下，是可以互相转换的，因此针织物的延伸性大，能在各个方向延伸，弹性好，有较大的透气性能，手感松软

分类	图示	说明
非织造布	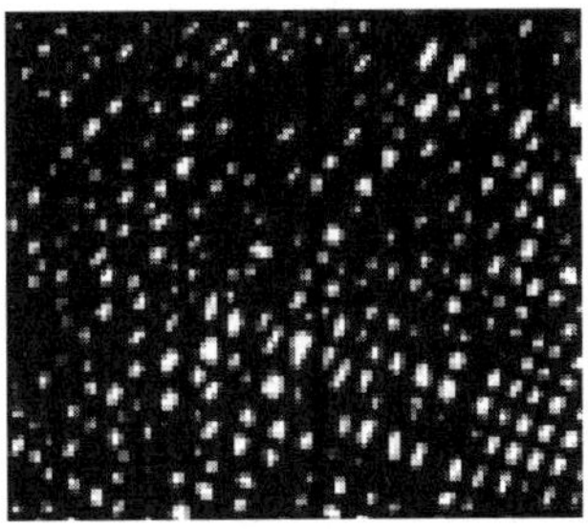 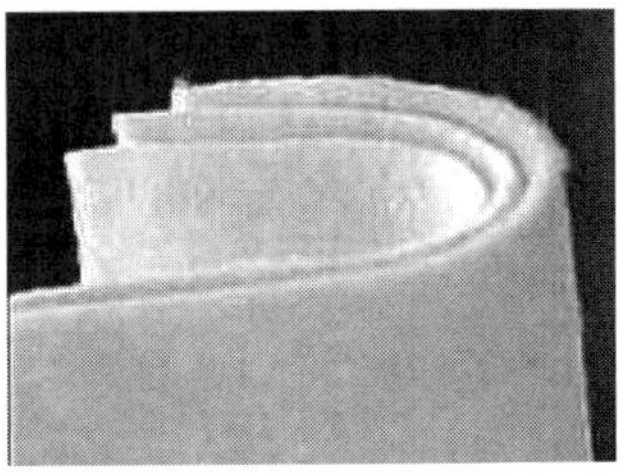	又称“不织布”、“无纺布”，是未经传统的织造工艺，直接由纺织纤维、纱线或长丝，经机械或化学加工，使之黏合或结合而成的薄片状或毛毡状结构物。实际上是由纤维或纱线、长丝层构成的纺织品。纤维层可以是梳理网或由纺丝法直接制成的薄网。纤维呈杂乱排列或定向铺置。非织造织物不包括传统的毡制、纸制产品。它生产流程短，产量高，成本低，使用范围广，发展十分迅速
复合织物	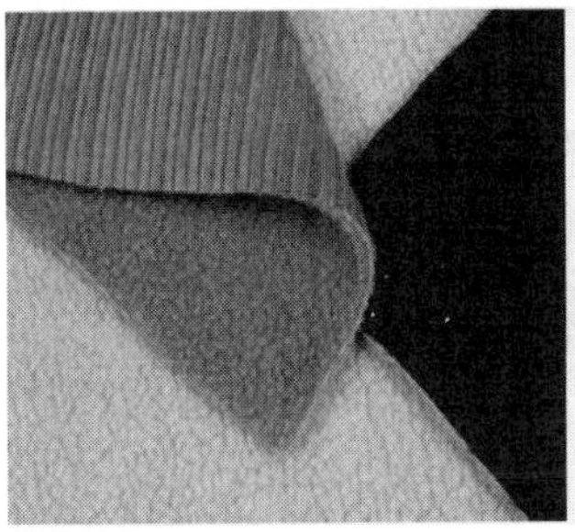	复合织物是由两种或两种以上不同外观或不同性能的织物（也包括一些透湿薄膜和泡沫塑料等材料）经过特殊层压方法而制得的二合一、三合一面料，如织物与薄膜复合、织物与织物复合织物，还有织物/膜/织物三明治复合，即由正反面的两层织物之间夹一层薄膜或者薄膜和海绵材料。经过这样的复合形成了一种性能比原织物更为优异的新面料，扩大了织物适用性、功能性，提高了织物附加值
编织物	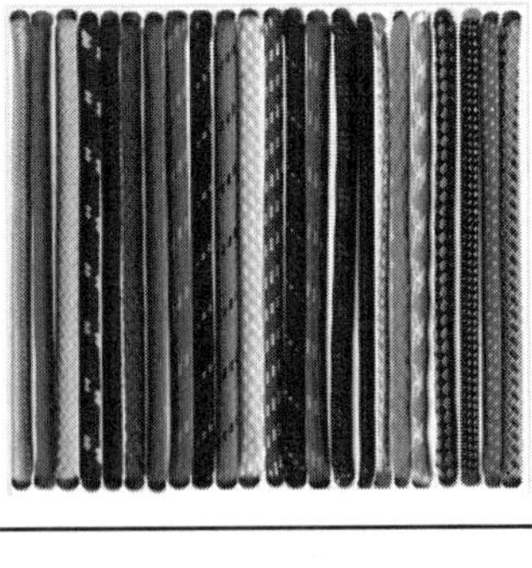	纱线在锭编机的锭子上沿八字轨道（∞）绞编成的绳带类织物，主要有鞋带、松紧带、绳子等

在服用服装面料中，梭织物与针织物占较大比例，构成针织物的基本结构单元为线圈，决定是否为针织物，只要看布的结构中是否有线圈。有些织物从外观上看像针织物，但没有线圈；相反地有些织物从外观上看似梭织物，而往往是由连续的线圈形成的针织物。大多数针织物仅凭外观就可以判断，但有些需仔细观察判断。在织造方法、加工工艺、布面结构、织物特性及成品用途等方面，梭织物和针织物都有自己独特的特色，其比较见表3-2。

表 3-2 针织物和梭织物的比较

项目	针织物	梭织物
构成	是由纱线顺序弯曲成线圈，而线圈相互串套形成织物。纱线形成线圈的过程，可以横向或纵向地进行，横向编织称为纬编织物，而纵向编织称为经编织物。当然针织组织中也有衬经衬纬组织带有平行或垂直的纱线，但它们都穿插在线圈中	是由两条或两组以上的相互垂直纱线，以90°角作经纬交织而成织物，纵向的纱线叫经纱，横向的纱线叫纬纱
基本单元	线圈就是针织物的最小基本单元，而线圈由圈干和延展线呈一空间曲线所组成	经纱和纬纱之间的每一个相交点称为组织点，是梭织物的最小基本单元
特性	在针织物中，线圈由近似直线部分（称为圈柱）和近似圆弧部分（称为圈弧）组成，在静力平衡状态下，线圈呈稳定状态，当有外力作用于针织物时，这两部分可以相互转移，这种线圈各部分的转移恰好提供给针织物良好的弹性和延伸性，这也是与梭织物的主要区别之一	在机织物中，因经纱与纬纱交织的地方有些弯曲，而且只在垂直于织物平面的方向内弯曲，其弯曲程度和经纬纱之间的相互张力，以及纱线刚度有关，当梭织物受外来张力，如以纵向拉伸时，经纱的张力增加，弯曲则减少，而纬纱的弯曲增加，如纵向拉伸不停，直至经纱完全伸直为止，同时织物呈横向收缩。当梭织物受外来张力以横向拉伸时，纬纱的张力增加，弯曲则减少，而经纱弯曲增加，如横向拉伸不停，直至纬纱完全伸直为止，同时织物呈纵向收缩。而经、纬纱不会发生转换，与针织物不同
特征	能在各个方向延伸，弹性好，因针织物是由孔状线圈形成，有较大的透气性能，手感松软	因梭织物经、纬纱延伸与收缩关系不大，亦不发生转换，因此织物一般比较紧密、硬挺

3.1.3 按纱线原料分类

根据织物中经纬纱线的原料组成，可将织物分为以下几种。

（1）纯纺织物　经纬向采用同种纤维的纯纺纱织成的织物。如纯棉织物，经纬向均为纯棉纱线；纯涤纶长丝织物，经纬向均为涤纶长丝。纯纺织物的特点是体现了其组成纤维的基本性能。

（2）混纺织物　经纬向均采用同种混纺纱线织成的织物，如毛涤混纺织物，经纬向均为毛涤混纺纱线；棉麻混纺织物，经纬向均为棉麻混纺纱。混纺织物的特点是体现各组分纤维的优越性，以改善织物的服用性能，扩大适用范围。

（3）交织织物　经纬向采用不同纤维的纱线或不同类型的纱线织成的织物。例如，经纱用真丝、纬纱用毛纱的丝毛交织物；经纱用棉线、纬纱用毛纱的粗服呢；经纱用涤棉混纺纱，纬纱用涤纶长丝的涤棉纬长丝织物等。此类织物的特点由织物中不同种类的纱线决定，经纬向各向异性。

（4）交并（混并）织物　经纬向均采用同一种交捻或混纤纱织成的织物，即以不同纤维或不同色彩的单纱或长丝经捻合或并合后进行织造。如棉毛交并、棉粘交并、棉麻交并而成的纱线织制的各种交并织物。

纯纺织物只表现一种纤维原料的特性。混纺织物则是各种纤维性能的综合表现，并根据混纺比例有强弱之分。混纺织物中各种纤维是“细致，均匀、全面”的混合，而交并（混并）织物和交织织物则是“粗线条、不均匀、局部”的混合，对各种纤维性能的表现程度和方式也有所不同。利用花式纱线、金银线的交并、交织可以使织物获得多种装饰性较强的表面效果。

3.1.4 按纤维长度和细度分类

按纤维长度和细度的不同，可分为棉型织物、毛型织物、中长型织物、丝型织物和麻型织物。

（1）棉型织物　是用棉纤维或棉型化学纤维纯纺或混纺织成的织物。棉型化学纤维的长度和细度接近棉纤维，长度33～38mm，细度1.2～1.5den，在棉纺设备上加工。棉型织物透气性好，吸湿性好，穿着舒适，是实用性强的大众化面料。可分为纯棉制品、棉的混纺两大类。棉型织物通常手感柔软、吸汗透气、光泽柔和，易洗、不易起毛球，外观朴实自然。例如，纯棉布、涤棉、棉维、棉粘混纺织物和人造棉织物等。其缺点为易皱、缩水、易变形。

（2）毛型织物　是用天然动物毛纤维或毛型化学纤维纯纺或混纺织成的织物。毛型化学纤维的长度为64～114mm，细度为3～5den，与羊毛纤维类似，在毛纺设备上加工，织物具有蓬松、丰厚、柔软的特征。有各种纯羊毛织物、羊毛与毛型化纤混纺织物、毛型化学纤维纯纺、混纺织物。一般以羊毛为主，它是一年四季的高档服装面料，具有弹性好、抗皱、挺括、耐穿耐磨、保暖性强、舒适美观、色泽纯正等优点，深受消费者的欢迎。其缺点为易皱、缩水、易变形。

（3）中长型织物　即中长纤维织物，是用长度和细度均介于棉和毛之间的中长化学纤维纯纺或混纺织成的织物。中长化学纤维长度为51～76mm，细度为2～3den。此类织物大部分为仿毛风格，也有仿棉风格。例如，涤纶中长纤维织物、涤腈中长纤维织物等。这类织物具有易打理、挺括、不用熨烫、不易皱、不易缩水、不易变形、容易清洗等优点，但透气性差、易产生静电、不易染色。

（4）丝型织物　是用蚕丝或化学长丝纯纺或交织成的织物，又称丝织物或丝绸，如各种真丝织物、人造丝织物、涤纶丝织物等，具有薄轻、柔软、滑爽、高雅、华丽、舒适的特点。

（5）麻型织物　是用天然麻纤维纯纺或混纺织成的织物，如苎麻布、亚麻布等;或以非麻原料织制的具有天然麻织物粗犷风格的织物，如纯棉麻纱、合纤麻纱等。麻型织物的共同特点是质地坚硬韧、粗犷硬挺、凉爽舒适、吸湿性好，是理想的夏季服装面料。但其具有易皱、缩水、易变形的缺点。

3.1.5 按纱线的结构分类

（1）纱织物　纱织物是指经纬纱都是由单纱织成的织物。其特点是比线织物柔软、轻薄，但其强力和耐磨性能较差。

（2）半线织物　半线织物是指经纬纱分别用单纱和股线织成的织物。一般是经纱用股线、纬纱用单纱织成。其主要特点是比同类织物股线方向的强度高，悬垂性差。

（3）线织物　线织物是指经纬纱均是由股线织成的织物。与同类纱织物相比，线织物较结实、硬挺、光泽度好。

3.1.6　按纺纱工艺分类

按纺纱工艺不同可分为精梳（纺）织物、粗梳（纺）织物和废纺织物。棉织物有精梳棉织物、粗（普）梳棉织物、废纺棉织物，分别用精梳棉纱、粗梳棉纱和废纺棉纱织成。毛织物有精纺毛织物和粗纺毛织物，分别用精梳毛纱和粗梳毛纱织成。

3.1.7　按织物染色情况分类

织物从织机上下来后，还要经过多道染整加工才能用于制作服装，根据加工方法的不同，又可分为以下几种。

（1）原色织物　又称本色织物，是未经任何印染加工而保持纤维原色的织物（图3-1），如纯棉粗布、市布、包皮布等。其外观较粗糙，显本色。本色织物大部分用作印染厂的坯布，坯布通常不用于制作成品服装。

（2）染色织物　又称素色织物，由本色织物经染色加工成单一颜色的织物（图3-2）。染色织物的染色以匹染单色为主，但在毛织物中，为了染色均匀、提高布面质量，也有采用纤维染色、毛条染色或染纱等方法制成素色染色织物。经漂白加工的漂白织物也属此类。漂白布一般作为辅料中的衬布、袋布，也可作为面料。

图3-1　原色织物

图3-2　染色织物

（3）印花织物　经印花加工而成的表面由于染料或颜料的作用产生图案效果的织物（图3-3）。花纹图案的颜色一般为两种或两种以上。

（4）色织织物　先将纱线全部或部分染色整理，然后按照组织和配色要求织成的织物称为色织织物（图3-4）。此类织物的图案、条格立体感强，色牢度较好。

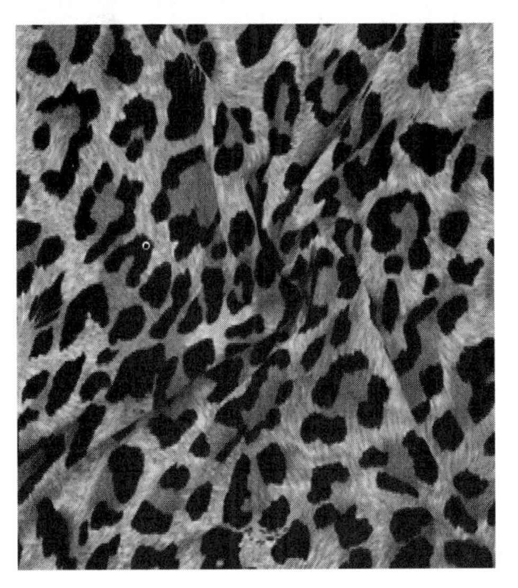

图3-3　印花织物

图3-4　色织织物

（5）色纺织物　先将部分纤维或纱条染色，再将原色（或浅色）纤维或纱条与染色（或深色）纤维或纱条按一定比例混纺或混并制成纱线（图3-5），所织成的织物称色纺织物（图3-6）。也可用不同原料的纤维或染色性不同的纤维混纺织成织物，经染色呈现不同色彩。色纺织物具有混色效应。有经纬向均匀混色，也有单一方向混色，呈现雨丝效果。色纺织物常见的品种有派力司（图3-7）、啥味呢（图3-8）、雪花毛呢（图3-9）、法兰绒（图3-10）等。

图3-5　色纺纱线

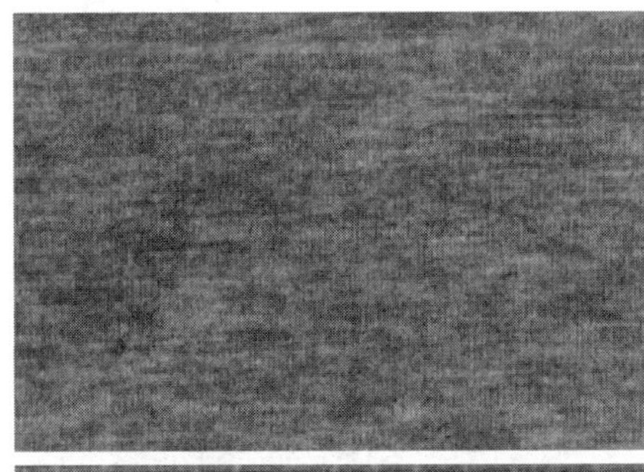

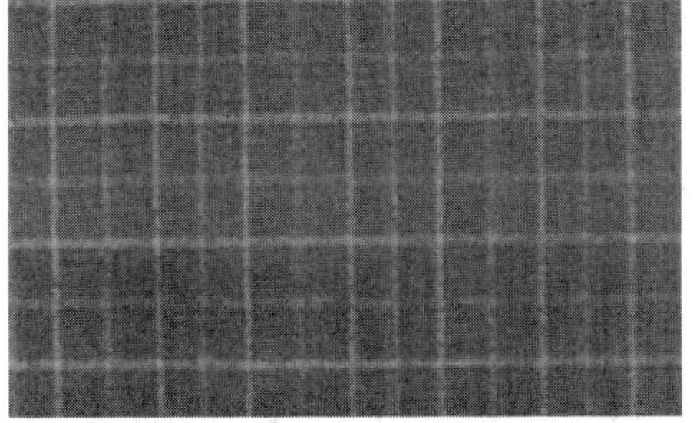

图3-6　色纺织物

图3-7　派力司

图3-8　啥味呢

图3-9　雪花毛呢

图3-10　法兰绒

3.1.8　按组织结构分类

（1）按机织物的组织结构分类　织物按机织物的组织结构可分为简单组织、复杂组织和大提花组织，见表3-3。

其中，原组织是各种组织的基础，它包括以下三种组织。

表 3-3　织物按机织物组织结构的分类

分类		说明
简单组织	原组织	原组织是各种组织的基础，它包括平纹（图3-11、图3-12）、斜纹（图3-13、图3-14）和缎纹（图3-15、图3-16）三种组织，通常又称为三原组织
	变化组织	变化组织是在原组织的基础上，变化组织点的浮长、飞数、排列斜纹线的方向及纱线循环数等诸因素中的一个或多个，而产生出来的各种组织，这些组织仍保持原组织的一些基本特征，这些经过变化的新组织称为变化组织。包括平纹变化组织、斜纹变化组织和缎纹变化组织（图3-17～图3-22）
	联合组织	联合组织是指两种或两种以上的原组织或变化组织按照一定的方式联合而成的组织，有绉组织、凸条组织、模纱组织（或称透孔组织）、蜂巢组织和网目组织等（图3-23～图3-28）。这类组织都具有特定的外观效应
复杂组织		复杂组织是指经、纬纱中至少存有一种为两个或两个以上系统的纱线构成的组织，这种组织结构能增加织物的厚度，或改善织物的透气性，或提高织物的耐磨性，或能得到一些简单组织织物无法得到的性能和模纹。包括二重组织和多重组织、双层组织和多层组织（管状组织、双幅织组织和多幅织组织、表里换层组织相接结双层组织等）、起绕绒组织（经起绒组织和纬起绒组织）、毛巾组织和纱罗组织等（图3-29～图3-35）。在联合组织中有一种面料与复杂组织纱罗面料相似，称为假纱罗面料（图3-36）。复杂组织的织物结构、织造和后加工都比较复杂
大提花组织		大提花织物又称大花纹织物，其一个组织循环经纱数少则几百根，多则数千根，这些织物不能在普通织机上织制，需要采用每根经纱单独运动的提花机进行织造。为此在提花机上织造的织物组织称为大提花组织，其构成的织物称为纹织物（图3-37、图3-38）。大提花组织多以一种组织为基础（地组织），而以另一种或数种不同组织在其上显现花纹图案，如平纹地、缎纹花。但也有用不同的表里组织，不同颜色的经纬纱使之在织物上显出彩色的大花纹。亦可配用不同的纤维种类、纱线支数和不同的经纬密，制成各种风格的提花织物。其应用甚为广泛，如用于床上用品、窗帘、毛毯、工艺图等纺织品中

①平纹组织。平纹组织经、纬纱的交织点多，纱线屈曲最多，织物表面平整，正反面外观效应相同。平纹组织织物手感较硬，质地坚牢耐磨，弹性较小，光泽一般。在织物中应用也最为广泛。如棉织物中的细布、平布、粗布、府绸、帆布等；毛织物中的凡立丁、派立司、法兰绒、花呢等；丝织物中的乔其纱、双绉、电力纺等；麻织物中的夏布、麻布和化纤织物的粘纤平布、涤棉细纺等均为平纹组织的织物。

②斜纹组织。斜纹组织的织物表面呈现明显的由经浮长线或纬浮长线构成的一条条斜向的纹路，有经面斜纹和纬面斜纹、左斜纹和右斜纹之分。斜纹织物的经纬交织数相对地比平纹组织少，在其他条件相同的情况下，斜纹织物的坚牢度不如平纹织物，但手感比较柔软。在纱线线密度相同的情况下，不交叉的地方，纱线容易靠拢，因此，斜纹织物的纱线致密性可较平纹为大；在经、纬纱线密度相同的条件下，耐磨性、坚牢度不及平纹织物。但是，若加大经纬密度则可提高斜纹织物的坚牢度。采用斜纹组织的织物较多。棉织物中单面纱卡其、单面线卡其，毛织物中的单面华达呢，丝织物中的美丽绸等均为斜纹。

③缎纹组织。缎纹组织由于交织点相距较远，单独组织点为两侧浮长线所覆盖，浮长线长而且多，因此织物正反面有明显差别。正面看不出交织点，平滑匀整。织物的质地柔软，富有光泽，悬垂性较好，但耐磨性不良，易擦伤起毛。缎纹组织的织物表面纱线浮长越长，光泽越好，手感越柔软，但坚牢度越差。缎纹组织除用于衣料外

还常用于被面、装饰品等。缎纹组织的棉织物有直贡缎、横贡缎；毛织物有贡呢等。缎纹在丝织物中应用最多，有素缎、绉缎、软缎、织锦缎等。缎纹还常与其他组织配合织制缎条府绸、缎条花呢、缎条手帕、床单等。

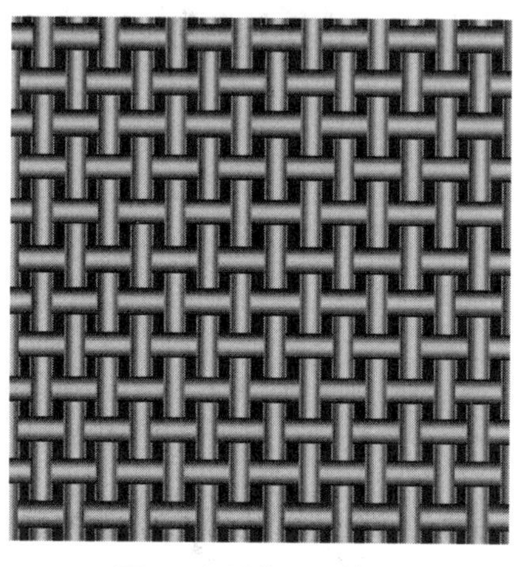

图3-11　平纹组织结构

图3-12　平纹织物

图3-13　斜纹组织结构

图3-14　斜纹织物

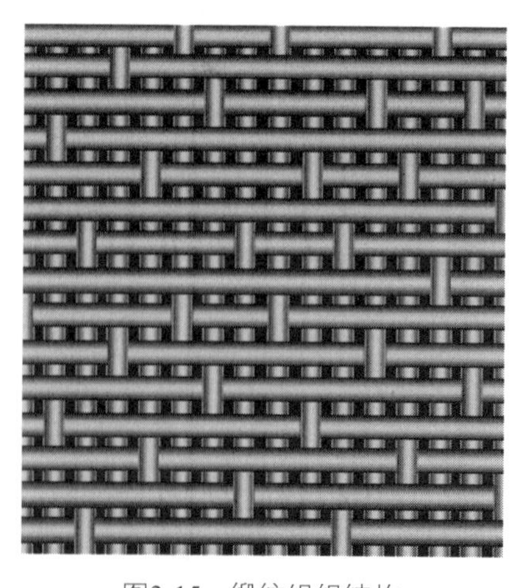

图3-15　缎纹组织结构

图3-16　缎纹织物

图3-17　变化组织（急斜纹）面料

图3-18　变化组织（破斜纹）面料

图3-19　变化组织（山形斜纹）面料

图3-20　变化组织（芦席斜纹）面料

图3-21　变化组织（菱形斜纹）面料

图3-21　变化组织（菱形斜纹）面料

图3-23　联合组织（配色花纹）面料

图3-24　联合组织（绉组织）面料

图3-25　联合组织（小提花）面料

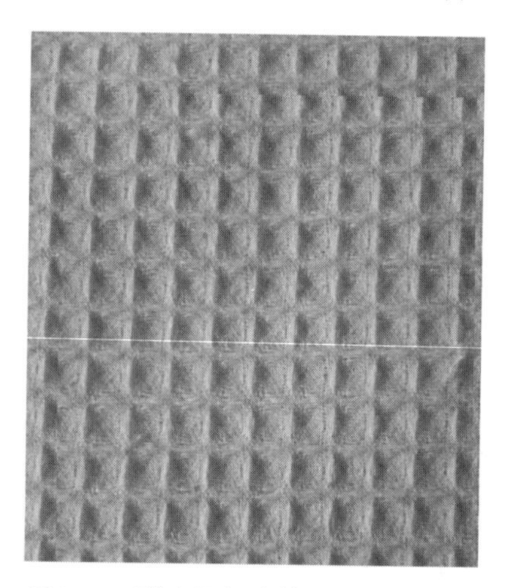

图3-26　联合组织（蜂巢组织）面料

图3-27　联合组织（凸条组织）面料（反面有浮长线）

图3-28　联合组织（凸条组织）面料

图3-29　复杂组织（双层）面料

图3-30　复杂组织（双层换层）面料

图3-31　复杂组织（灯芯绒）面料

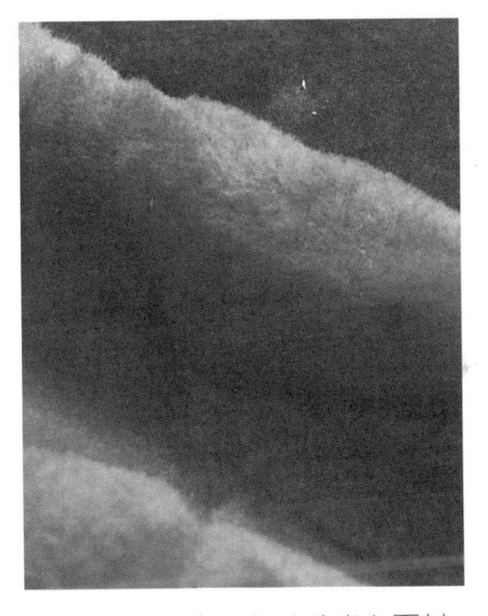

图3-32　复杂组织（毯类）面料

图3-33　复杂组织（毛巾）面料

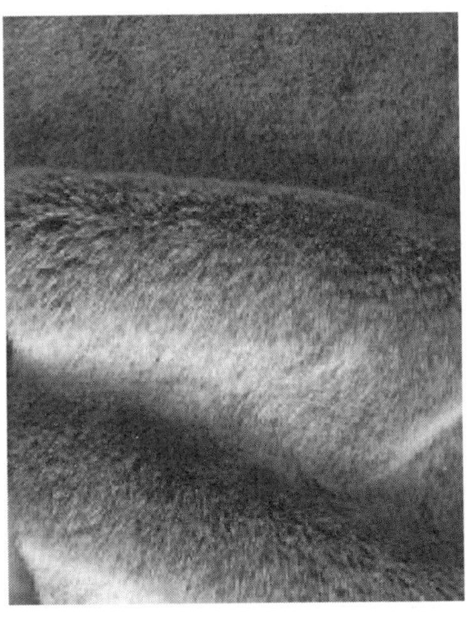

图3-34　复杂组织（长毛绒）面料

图3-35　复杂组织（纱罗）面料

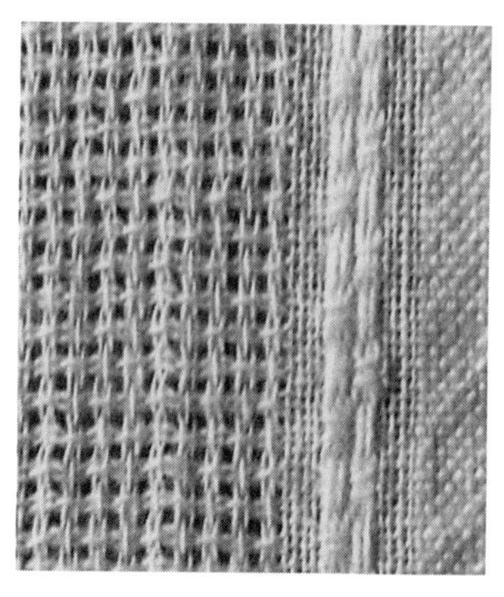

图3-36　联合组织（假纱罗）面料

图3-37　大提花织物（一）

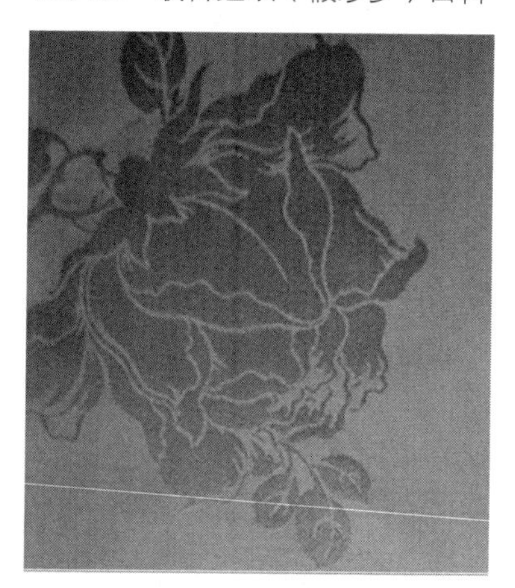

图3-38　大提花织物（二）

（2）按针织物的组织结构分类　针织物组织根据线圈结构及其相互间排列的不同，可分为原组织、变化组织、花色组织和复合组织四类，见表3-4。这四类针织物组织中的各种组织结构特点及应用见表3-5。这些不同组织的针织物，由于其不同的花色效应和不同的物理机械性能，被广泛应用于内衣、紧身衣、运动衣、外衣、袜品、手套和围巾等。

表3-4　织物按针织物组织结构的分类

分类	说明
原组织	又称为基本组织，它是所有针织物组织的基础，其线圈以最简单的方式组合。纬编针织物中，单面的有纬平组织，双面的有罗纹组织和双反面组织。经编针织物中，单面的有经平组织、经缎组织、编链组织；双面的有罗纹经平组织、罗纹经缎组织、罗纹编链组织
变化组织	是由两个或两个以上的基本组织复合而成，即在一个基本组织的相邻线圈纵行间，配置着另一个或者另几个基本组织，以改变原有组织的结构与性能。例如，纬编针织物中，单面的有变化纬平组织，双面的有双罗纹组织等。经编针织物中，单面的有变化经平组织、变化经缎组织，双面的有双罗纹经平组织、双罗纹经缎组织等
花色组织	是以基本组织和变化组织为基础的，利用线圈结构的改变，或者另外编入一些辅助纱线或其他原料，以形成具有显著花色效应和不同性能的花色针织物
复合组织	是由基本组织、变化组织和花色组织组合而成的

表 3-5　各种针织物组织结构特点及应用

针织组织	特点及应用
纬平针组织  （a）正面  （b）反面	纬平针组织是最简单的组织。由于成圈时，新线圈是从旧线圈的反面穿向正面，因此纱线接头和棉结杂质易被滞留在织物反面，故纬平针织物的正面比反面光洁明亮、纹路清晰，质地细密、手感滑爽，但有脱散性、卷边性和有时产生线圈歪斜现象，若织物在某一线圈断裂时，容易造成散脱，能顺、逆编织方向脱散，裁片需要锁边；纬平织物有严重的卷边性，是尺寸稳定性差。由于纬平针织物的组织结构简单，编织方便，所以使用广泛 产品有漂白汗布、精漂汗布、烧毛丝光汗布、素色汗布、印花汗布、彩横条汗布、混纺汗布、真丝汗布、化纤汗布等。一般制作内衣、汗衫、背心，也常制作彩色横条T恤衫，还制作手套、袜子等用品，或用作一些花色织物的组织
罗纹组织 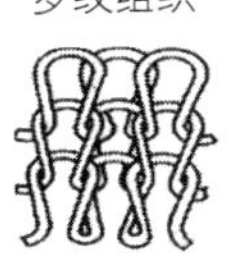 （a）自由状态时的结构 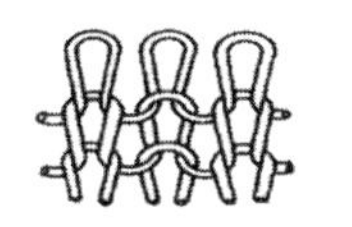 （b）横向拉伸时的结构	罗纹组织也是纬编针织物的基本组织之一，是由正面线圈纵行和反面线圈纵行以一定的形式相间组合配置而成 罗纹织物的两面有清晰的直条纹路，在横向拉伸时具有较大的弹性和延伸性，而且密度越大弹性越好。坯布裁剪时不会出现卷边现象，有逆编织方向脱散性。罗纹针织物种类很多，通常用数字1+1、1+2、2+2等分别代表正反面线圈纵行在一个完全组织中的组合状况。前面的数字表示正面线圈的纵行数，后面的数字表示反面线圈的纵行数，有罗纹布、弹力罗纹布等，常用作各种产品的领口、袖口、裤口、下摆口的罗纹针织物常用1+1罗纹；2+2的罗纹称为灯芯弹力布；2+3、3+4等罗纹称阔条弹力布。由于罗纹组织的特性，常用于需要一定弹性的内外衣制品，如弹力衫、弹力背心、套衫袖口、领口和裤口等
双反面组织 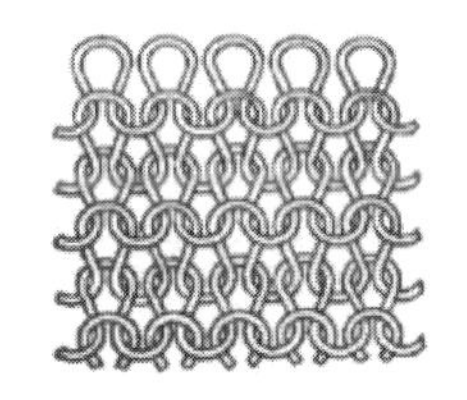	双反面组织也是纬编针织物的基本组织之一。是由正面线圈横列和反面线圈横列相互交替配置而成。图为1+1双反面组织，也有1+2、3+2等双反面组织的，前面的数字表示正面线圈的横列数，后面的数字表示反面线圈的横列数。如按照花纹要求，在织物表面混合配置正、反面线圈，即可形成正面线圈凸起、反面线圈下凹的凹凸纹针织物。如再配置变化线圈颜色，还可以形成既有色彩又有凹凸效应的提花凹凸针织物 双反面针织物由于线圈的倾斜，使织物的纵向缩短、厚度增加，而在纵向拉伸时又具有很大的弹性和延伸度，因此具有纵、横向延伸度较接近的特点。其卷边性与正、反面线圈横列数有关，当正、反面线圈横列数较小时，织物卷边性很小，1+1双反面织物几乎无卷边。其缺点是有顺、逆编织方向脱散性。双反面针织物宜于制作婴儿服、童装、袜子、手套和各种运动衫、羊毛衫等成形针织品，应用范围极广
变化纬平针组织 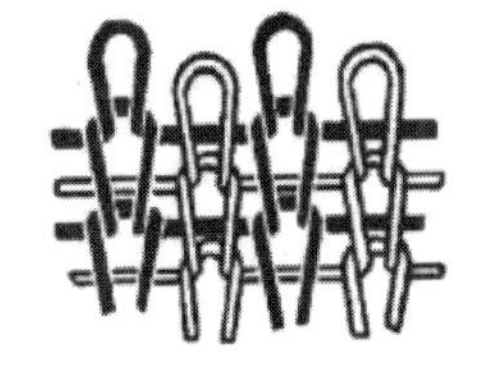	变化纬平针组织为变化组织的一种，是由两个纬平针组织复合而成。变化纬平针织物的性质与纬平针织物相似，脱散性较大，仅横向延伸性较平针组织为小。这种组织在生产中应用较少
双罗纹组织 	双罗纹组织又称棉毛组织，是由两个罗纹组织彼此复合而成，即在一个罗纹组织的线圈纵行之间配制着另一个罗纹组织的线圈纵行，属于双面组织的变化组织 双罗纹组织与罗纹组织相似，也具有各种不同的组织类型，如1+1、2+1等双罗纹组织。双罗纹针织物比较厚实，保暖性好，具有较好的弹性和延伸性，较柔软，坯布裁剪时不会出现卷边现象，个别线圈断裂，因受另一罗纹组织线圈摩擦阻碍，脱散性小。在内衣生产中应用极广，大多制作棉毛衫裤、运动衣裤等

续表

针织组织	特点及应用
提花组织 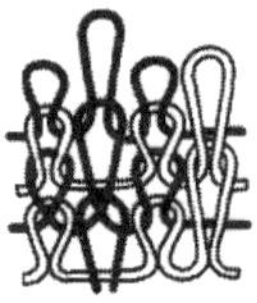	提花组织是把纱线垫放在按花纹要求所选的某些针上编织成圈而形成的一种组织。提花组织有单面和双面之分，提花织物的横向延伸性和弹性较小，单面提花织物的卷边性同纬平针织物，双面提花织物不卷边，提花织物中纱线与纱线之间的接触面增加，具有较大的摩擦力，阻止线圈的脱散，所以提花织物的脱散性小，织物稳定性好，布面平坦，美观大方，单位面积重量大，织物较厚，有良好的花色效应，美观大方，适宜制作外衣和家庭装饰品
集圈组织 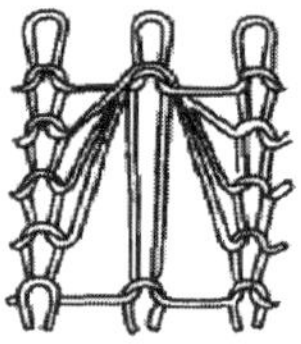	集圈组织是在针织物的某些线圈上，除套有一个封闭的线圈外，还有一个或几个未封闭的悬弧 集圈组织的花色较多，利用集圈的排列和不同色彩的纱线，可使织物表面具有图案、闪色、网眼以及凹凸等效应，可以形成许多花纹。集圈针织物的脱散性较小，延伸性小；织物较平针和罗纹组织为厚；脱散性较平针组织小。用集圈方法织成的六角网眼称为单面双珠地，织成的四角网眼称为单面单珠地，是夏季T恤衫的常用面料，仿机织乔其纱，也是采用这种集圈组织，若用纯棉或涤棉混纺原料编织则手感柔软，吸湿性好，适用于作夏季衬衫或裙料
衬垫组织 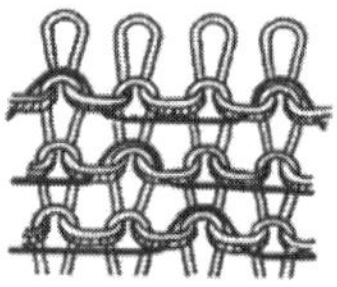	衬垫组织是以一根或几根衬垫纱线按一定比例在针织物的某些线圈上形成不封闭的圈弧，在其余的线圈上，呈浮线停留在织物的反面，属花色组织的针织物 衬垫针织物的特征是织物的正面类同于纬平组织外观，衬垫纱悬弧和浮线在织物反面，如对衬垫针织物的反面进行拉毛处理，即成起绒针织面料。起绒用的衬垫纱宜采用粗支纱，且捻度要小，按纱线的粗细不同，拉出的绒面厚薄不同，可有厚、薄细绒 衬垫针织物厚实、表面平整、手感柔软、保暖性好，横向延伸度小，织物下机幅宽较大，织物逆编织方向脱散。可用于冬季的绒衫裤、运动衣、外衣、童装、棉绒多作为婴幼儿装，也可供装饰和工业用
毛圈组织 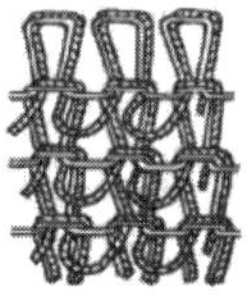	毛圈组织是由纬平针线圈和带有拉长沉降弧的毛圈线圈组合形成的。毛圈组织可分为普通和花色毛圈，还可分为单面和双面毛圈。毛圈针织物具有良好的保暖性与吸湿性，产品柔软、较厚，但易勾丝。一般用来制作毛巾、毯子、睡衣、浴巾等
毛绒组织  （a）人造毛皮组织 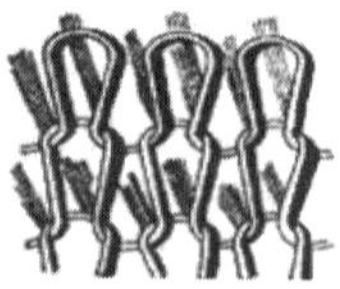 （b）长毛绒组织	毛绒组织是用纤维或毛纱同地纱一起喂入编织成圈，纤维以绒毛状附在针织物表面的组织 毛绒组织可用来将各种不同性质的合成纤维毛条直接编织出外观与毛皮相似的织物，这种组织又称人造毛皮组织，这种针织物的重量比天然毛皮轻，并具有良好的保暖性，可制作大衣等防寒产品。用毛纱与地纱一起编织并经割圈得到的组织称为长毛绒组织，适宜作男女服装、卡通玩具等
衬经衬纬组织 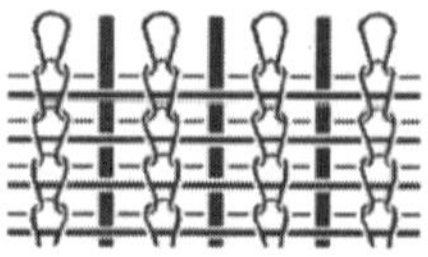	衬经衬纬组织是在纬编基本组织上，衬入不参加成圈的经纱和纬纱而形成的。衬经衬纬针织物纵向和横向的延伸性和弹性较小，具有梭织物的性能和风格，并保持针织物的特点，如手感较柔软，透气性能好，故适宜制作针织外衣与内衣

续表

针织组织	特点及应用
编链组织	编链组织是经编针织物的基本组织之一，特点是每一线圈纵行由同一根经纱形成，编织时每根经纱始终在同一针上垫纱成圈。根据垫纱方式可分闭口编链和开口编链两种形式。在编链组织纵行之间没有延展线，各纵行间互不联系，因此它本身不能成为坯布，需与其他组织结合起来，方可得到纵向延伸性小、横向收缩小、布面稳定性好的织物，所以常作为衬衫布、外衣布等少延伸类织物、带孔眼的网类、花边饰物等制品的基本组织，编链组织常是其他花色组织的基础
经平组织	同一根纱线所形成的线圈交替排列在相邻两个纵行线圈中。织物特点：织物正反面外观相似，织物卷边性不明显；逆编结方向容易脱散，当一个线圈断裂时织物易沿纵行分离成两片。一般不单独使用，常与其他组织结合而得到不同性能和效应的织物，广泛用于内衣、外衣和衬衫类面料
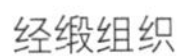经缎组织 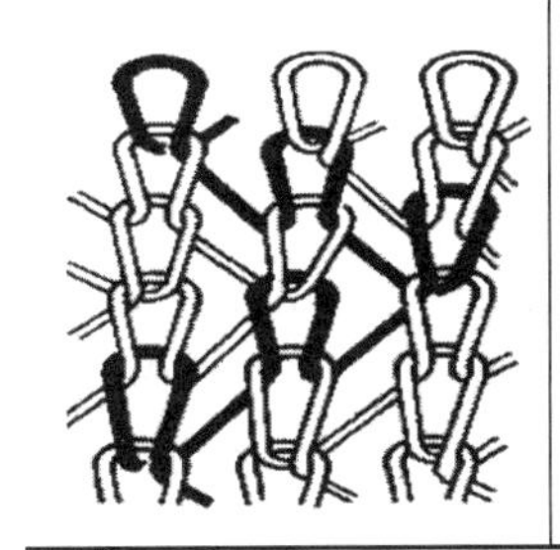	组织中的每根经纱先以一个方向有序的移动若干针距，然后再顺序的再返回原位过程中移动若干针距，如此循环编织。织物特点：线圈形态接近于纬平组织，卷边性类似于纬平组织；当织物中某一纱线断裂时，也有逆编织方向脱散的现象，但不会在织物纵向产生分离。常与其他组织共同制成内衣、外衣面料

3.1.9　按织物厚薄分类

根据厚薄可将织物分为厚型、中厚型、薄型等，各类原料的织物厚度划分要求不同，见表3-6。

表 3-6　各类原料的织物厚度划分

织物类型	厚度要求
棉型织物	轻薄型0.24mm以下、中厚型0.24～0.40mm、厚重型0.40mm以上
精纺毛型织物	轻薄型0.40mm以下、中厚型0.40～0.60mm、厚重型0.60mm以上
粗纺毛型织物	轻薄型1.10mm以下、中厚型1.10～1.60mm、厚重型1.60mm以上
丝型织物	轻薄型0.14mm以下、中厚型0.14～0.28 mm、厚重型0.28mm以上
麻型织物	0.4～1.6mm
针织物	0.20～6.20mm

3.2 织物的规格术语

3.2.1 机织物的量度

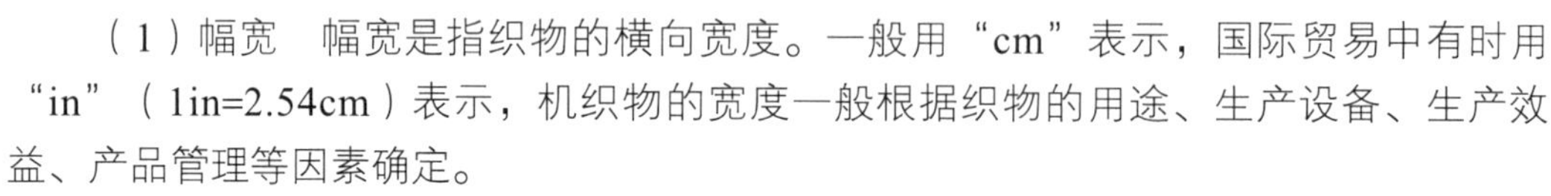

（1）幅宽　幅宽是指织物的横向宽度。一般用“cm”表示，国际贸易中有时用“in”（1in=2.54cm）表示，机织物的宽度一般根据织物的用途、生产设备、生产效益、产品管理等因素确定。

一般来说，棉织物的幅宽分80～120cm和127～168cm两大类。近年来，随着服装业的发展，宽幅织物的需求量增大，幅宽为106.5cm、122cm、135.5cm的织物增多，无梭织机出现后，最大幅宽可达300cm以上，幅宽在91.5cm以下的织物有逐渐被淘汰的趋势。精纺毛织物的幅宽一股为144cm或149cm，粗纺毛织物的幅宽为143cm、145cm和150cm三种，长毛绒的幅宽为124cm，驼绒的幅宽为137cm。丝织物品种繁多，规格复杂，因此幅宽极不一致，一般在70～140cm之间。麻织物夏布的幅宽为40～75cm。上述织物的幅宽也包括相应的化纤混纺织物、交织织物以及纯化纤织物等。

（2）匹长　是指一段织物的长度，一般用“m”来表示，国际贸易中有时用“码（yd）”来表示。主要根据织物的种类和用途而定，同时还要考虑织物的单位重量、厚度、卷装容量、搬运以及印染后整理和制衣排料、铺布裁剪等因素。一般来说，棉织物的匹长为30～60m，精纺毛织物的匹长为50～70m，粗纺毛织物的匹长为30～40m，长毛绒和驼绒的匹长为25～35m，丝织物的匹长为20～50m，麻类夏布的匹长为16～35m等。

（3）成品重量　织物的成品重量又称面密度，常用每平方米克重“g/m^2”来表示，真丝绸常用姆米“m/m”为单位（1m/m＝4.3056 g/m^2）。国际贸易中有时也用每平方码盎司数（oz）表示，如牛仔面料的克重一般用“盎司”来表达，即每平方码面料重量的盎司数，1盎司=28.375g，如7盎司、12盎司牛仔布等。

一般棉织物的重量在70～250g/m^2左右，精纺毛织物重量在130～350g/m^2，粗纺毛织物重量在300～600g/m^2，薄型丝织物的重量只有20～100g/m^2。195g/m^2以下的属轻薄织物，宜作夏令服装；195～315g/m^2的属中厚型织物，宜作春秋季服装；315g/m^2以上的属重型织物，宜做冬令服装。

重量一般与原料、纱线造型（经梳、粗梳）、织物结构（机织物、针织物、非织造物）有关，不仅影响织物的服用性能和加工性能，也是价格计算的主要依据。

（4）厚度　厚度是指织物的薄厚程度，以“mm”为单位，织物的厚度是指在一定压力下织物的绝对厚度，该指标在实际生产中运用较少。常以织物的重量来间接表示。织物厚度与织物所用的纱线细度、弯曲程度、组织结构等有关。

（5）经向、纬向密度　织物的经向或纬向密度指沿织物纬向或经向单位长度内经纱或纬纱排列的根数，常简称为经密、纬密。一般用根/10cm或根/in表示。习惯上将经密和纬密自左至右连写成$P_j \times P_w$。例如200根/10cm×180根/10cm，表示经向密度200根

/10cm，纬向密度180根/10 cm；如写成136根/in×76根/in表示经向密度136根/in、纬向密度76根/in。

丝织物经常采用每平方英寸范围内的经纬丝线根数之和表示，常用T来表示，如210T尼丝纺，经纬线都用77dtex（70D）锦纶丝[平纹组织，幅宽150cm，经密48.2根/cm，纬密34根/cm，（48.2+34）×2.54≈210，即称210T]。

一定范围内，织物强度随密度的增大而增大，但密度过大反而强度降低；织物密度与重量成正比；织物密度越小，织物越柔软，织物的弹性越低、悬垂性及保暖性越大。

（6）机织面料的表示方法　在生产中，织物规格需同时表示出织物经、纬纱细度和经、纬密度，方法为：自左至右连写成$T_{tj}\times T_{tw}$，$P_j\times P_w$，例如毛涤派力司规格表示为：16.7tex×2×25tex，272根／10cm×222根／10cm。

如写成150D×150D，150D×150D是指长丝织物，经纬纱线的粗细均为150D。

如写成32^s+32^s／2×32^s，32^s是指短纤维织物，经纱有两种粗细不同的纱线：一种是32英支的单纱；另一种是32英支的股线，纬纱一种，是32英支的单纱。

3.2.2　针织物的量度

（1）机号　机号是针织机术语，但它与纱的细度有很大关系，且常用于针织面料的表示中。机号是织针在针床或针筒上排列的疏密程度，是指25.4mm（1in）的织针数量表示，用G表示。如28G表示1in内有28枚织针，即通常所说的28针。机号越高，针数越多，编织出的织物越细密。一般来说，不同的机号适用于不同细度的纱线。

（2）总针数　是指针床或针筒能够插装织针的总数量。它决定了可编织织物的最大幅宽。

（3）密度　针织物的密度表示一定的纱支条件下针织物的稀密程度，是指针织物在单位长度内的线圈数。通常采用横向密度和纵向密度来表示。横向密度简称“横密”，是指沿着线圈横列方向上50mm内线圈的纵行数；简称“纵密”，是指沿着线圈纵行方向上50mm内线圈的横列数。英制的横密和纵密分别是指1in内的纵行数或横列数。针织物的横密与所使用针织机的机号有关，所以很多时候，在给出了机号（如18针）后，就不需要再说明横密了。

（4）线圈长度　线圈长度是针织物的重要物理机械指标，是指每一个线圈的纱线长度，一般以“mm”为单位。线圈长度可以用拆散的方法测量其实际长度，也可以根据线圈在平面上的投影近似地进行计算。针织面料的密度与线圈长度有关，通常线圈长度越长，针织物密度就越小。

（5）成品重量　国家标准规定，针织物的克重用每平方米针织物的干燥重量表示，符号为“g/m^2”。干燥克重是指面料放在105～110℃烘箱中烘至恒重后再称其重量，它是考核针织物质量的重要指标之一。当原料种类和纱线细度一定时，单位面积重量间接反映针织物的厚度、紧密程度。它不仅影响针织物的物理机械性能，而且也是控制针织物质量、进行经济核算的重要依据。

（6）幅宽　也称门幅、布封、封度，是指针织物布面的宽度，分为开幅幅宽与圆筒幅宽两种，通常用cm或in表示。针织面料的开幅幅宽是指单层织物布面横向宽度，具有毛幅宽和净幅宽之分。毛幅宽为面料所有的宽度，净幅宽为面料可以使用的有效宽度。圆筒幅宽是指筒状针织面料平摊后双层织物横向的宽度。

（7）针织面料的表示方法　针织面料的规格一般用如下方法表示：

干燥克重×幅宽

其中，干燥克重用g/m^2表示，幅宽指单层幅宽，用cm表示。针织面料的表示方法中，除了面料规格外，一般还要包括机号、总针数、纱线规格成分、成品规格等。如15G×34in（86.36cm）×1860T 20英支（29.15tex）棉×240 g/m^2×65in（165.1cm）表示机号为15G、总针数为1860T、原料为20英支（29.15tex）纯棉纱、克重为240 g/m^2、幅宽为65英寸（165.1 cm）的针织面料。

3.2.3　非织造布的量度

（1）宽度　国内宽度单位常用cm或m，国外有时用in。

（2）重量　非织造布常用克重以g/m^2为单位表示其重量。

3.3 机织物的分类

3.3.1　棉织物

棉织物以其优良的穿着舒适性、美观大方、经济实惠、吸湿性好，或细而柔软，或坚固耐用等特征为广大消费者所喜爱。它为服装业提供了品种齐全、风格各异的衣料，也是装饰织物中常用的织物，在某些产业织物中也可以看到它的踪迹。棉织物的使用范围非常广。曾有过这样的说法，即实际上任何需要纺织品的地方，棉织物都曾为之服务过，或正在服务之中，或者能够为之服务。棉织物的应用范围可从用于婴儿细软服装或无比美丽的晚礼服的最轻巧、最绵软、最挺爽及最引人喜爱的细薄织物、蝉翼纱、花边及其他织物，直到用于耐穿的工作服、鞋子、船帆、轮带及帆布的厚实、粗糙、坚牢的织物。棉织物能使用于所有家庭成员及各种家庭装饰用品。棉制品用于衣着、运动、睡眠，可以使服用者暖和或者凉快，干燥或者湿润。如果使用各种整理方法，它的用途还会不断地扩大。

由于纺织工业的不断发展，织物组织、经纬纱粗细、经纬纱密度、原料以及印染后整理工艺的不断变化和翻新，棉织物的品种也是日新月异，层出不穷。以下就简单介绍一下在服装面料中常见的棉织物。

（1）棉织物分类

①按织物组织分，其分类见表3-7。

表 3-7　棉织物按织物组织的分类

分类	说明
平纹类	是由平纹及其组织变化、纱特数、织物密度、纱线捻度、捻向等织物结构参数的变化而获得的具有不同特点的平纹织物。属于平纹布的棉织物有平布、巴里纱、府绸、蝉翼纱、泡泡纱、麻纱、牛津布、棉绒布等
斜纹类	棉纺织品中，经常采用斜纹组织进行织造。斜纹组织较平纹组织经纬交织点少，故在单位长度内经纬纱根数可以排列得较平纹组织紧密，因此一般斜纹组织织物较厚实紧密，表面光泽也较平纹布好。但由于浮点较平纹组织大，故在同样经纬纱支及同样密度下，比平纹组织织物柔软，但强力稍低。斜纹类织物的共同特点是表面有清晰的由浮长线构成的斜纹纹路，对各种斜纹组织织物的外观效应，主要要求是斜纹纹路必须清晰，斜纹线要匀、直、深，布面光洁，富有光泽。所谓“匀”，即是要求斜纹组织表面的斜纹纹路要等距，不能有歪斜弯曲现象。“直”是指呈斜纹线条的纱线的浮长要求相等，若长短不齐就达不到直的外观。“深”是指经纱弯曲程度要大，可使斜纹凹凸分明。斜纹织物一般主要用来制作外衣，要求质地牢固耐用，手感厚实，布身挺括而富有良好抗皱性。常见的斜纹类有斜纹布、哔叽、卡其、华达呢等
缎纹类	缎纹织物具有质地柔软、表面平滑、富有光泽、弹性良好等特点。棉制缎纹织物有两类风格：一类仿丝绸，要求织物表面光泽好，不显斜纹效应，如横贡缎，其为纬面缎纹组织；另一类仿呢绒，要求织物表面显示斜纹效应，如直贡呢，其为经面缎纹组织
起绒类	主要是绒布、灯芯绒、平绒
起皱类	主要有泡泡纱、绉布、轧纹布。主要特征是表面有加工的皱纹或用组织和强捻引起的皱纹。泡泡纱是一种布身呈凹凸状泡泡的薄形棉织物。其特点为穿着透气舒适，洗后不需熨烫。泡泡纱的加工方法主要有机织方法和化学方法等。机织方法采用地经和起泡经两只不同的织轴，起泡纱纱支较粗，送经速度比地经快，因而织成坯布时布身形成凹凸状的泡泡。再经松式整理加工，即成机织泡泡纱

②按印染整理加工分，其分类见表3-8。

表 3-8　棉织物按印染整理加工的分类

分类	说明
本色布	以本色原料织成的，未经漂染、印花加工的纯棉织物和棉型化纤织物。供印染厂加工的本色布一般称为坯布，供市场销售的本色布一般称为白布。主要包括平布（中平布、细平布、粗平布）、斜纹布等纯棉织物和黏纤、棉黏、涤棉的中平布、细平布等棉型化纤纯纺或混纺织物
色布	即以本色布为坯布，经漂白或染色加工后，成为单一色泽的市销织物
印花布	将各种坯布（以中平布、细平布、府绸、哔叽、斜纹布、直贡等为坯布）经印花加工，印成各种色彩花型的织物
色织布	是指经纬纱线先经漂染加工后再进行织制的织物。主要包括线呢、绒布、条格布、被单布、色织府绸和其他色织物

（2）典型棉织物特征及应用

①平布。采用平纹组织织成的棉布。平布的特征是经、纬纱的细度相等或接近；经、纬纱的密度相等或接近。按经纬纱线粗细和密度平布有以下类别。

粗平布：以粗号纱作经纬织成的平布，又称粗布。布身粗厚、结实、坚牢，可用作衬料或印染加工后制作服装和家具布。

中平布：以中号纱作经纬织成的平布，也称市布或细布。布身厚薄中等、坚牢，多用作面粉袋、衬布、被里布或加工成各种漂白布、色布等，可制作服装或装饰布。

细平布：以细号纱作经纬织成的平布，布身细薄，加工成各种漂白布、色布或印花布，可作衬衫等服装。

细纺：以特细号纱作经纬织成的平布。

②府绸。以中号、细号纱作经纬，布面经纱浮点呈颗粒状的棉织物。其高经密，低纬密，经向紧度在60%以上，经纬向紧度比接近5：3，一般均经过丝光工艺处理，具有丝绸感。府绸织物也可以有不同组织结构，因此派生出许多品种。根据其纱线结构的不同，可分为纱府绸、半线府绸（线经纱纬）与全线府绸三种；根据纺纱工艺的不同，可分为普梳府绸、半精梳府绸（经纱精梳、纬纱普梳）、全精梳府绸三种；根据后加工方法不同，可分为漂白府绸、杂色府绸和印花府绸等几种。

③麻纱。以细号纱或中号纱作经纬，单双经循环间隔排列，采用变化平纹组织的棉织物。经纬密度较稀，经纬向紧度比接近1：1，经纱捻度较高，外观呈纵向凸纹，布身爽挺似麻织物。

图3-39　巴里纱

④巴里纱。巴里纱又称玻璃纱，以特细号或细号纱作经纬织成的平纹稀薄棉织物（图3-39）。其经纬均采用细特精梳强捻纱，织物中经纬密度比较小，由于“细”、“稀”，再加上强捻，使织物稀薄透明。所有原料有纯棉、涤棉。按加工不同，玻璃纱有染色玻璃纱、漂白玻璃纱、印花玻璃纱、色织提花玻璃纱等；按纱线不同，有全线巴里纱、半线巴里纱和纱巴里纱三种。巴里纱织物风格特征的共同点为身骨较挺、触感爽快、稀薄透明，并在折叠时能充分显示出光的干涉条纹效果。

⑤斜纹布。大多采用二上一下或三上一下斜纹组织的单纱棉织物。其纹路细密清晰，经向紧度在60%以上，经纬向紧度比约为3：2。所以正面斜纹线条较为明显，反面斜纹线条则模糊不清。由于经纱单纱的捻向关系，斜纹布大都是左斜纹。

⑥哔叽。采用二上二下斜纹组织的棉织物。其经向紧度约为55%～70%，经纬向紧度比约为6：5，斜纹倾斜角接近45°，经纬密较接近，正反面斜纹线条明显程度相似。哔叽有经纬纱全用单纱，有用经线纬纱的，也有用股线作经纬纱的全线哔叽。纱哔叽的斜纹倾向为左斜，线哔叽斜纹倾向为右斜。

⑦华达呢。采用二上二下斜纹组织的棉织物。其斜纹倾斜角约60°，高经密，低纬密，经向紧度约为75%～95%，经纬向紧度比接近2：1，其总紧度和斜纹倾斜角介于哔叽与卡其之间。按其经纬纱支的不同，可分为纱华达呢、半线华达呢和全线华达呢三种。

⑧卡其。采用斜纹组织的棉织物。其经密及经向紧度较高，经纬向紧度比接近2：1，多经丝光工艺处理。采用三上一下斜纹组织的为单面卡，采用二上二下斜纹组

织的为双面卡。根据经纬纱性质的不同可分为纱卡其、半线卡其和全线卡其三种类型。由于卡其要求较厚实挺括，所以一般纱卡其选用中支纱或粗支纱。半线卡其是指线经纱纬织品，全线卡其是指经纬纱全部采用股线的织物。全线卡其系高档品种，除用$42/2^S$线作经纬织造外，也有采用$60/2^S$股线和$80/2^S$股线作经纬纱的高档精梳卡其。

⑨贡缎。以中号或细号纱作经纬，采用缎纹组织的棉织物。其经密或纬密较密，富有光泽，分为直贡和横贡。直贡是采用经面缎纹组织，高经密的织物。经向紧度大于纬向紧度，经纬紧度比接近3∶2。横贡是采用纬面缎纹组织，高纬密的棉织物。纬向紧度大于经向紧度，经纬向紧度比接近2∶3。

⑩绒布。是由一般捻度的经纱与较低捻度的纬纱交织而成，经拉绒机拉绒后表面呈现蓬松绒毛的织物（图3-40）。绒布品种繁多，按织物结构分有平纹绒布、斜纹绒布、哔叽绒布、提花绒布等；按织物厚度分有厚绒布、薄绒布；按拉绒布面分单面绒布和绒布。绒布具有手感松软、保暖性好、吸湿性强、穿着舒适等特点，主要用作各式衬衫、睡衣裤和被套等。

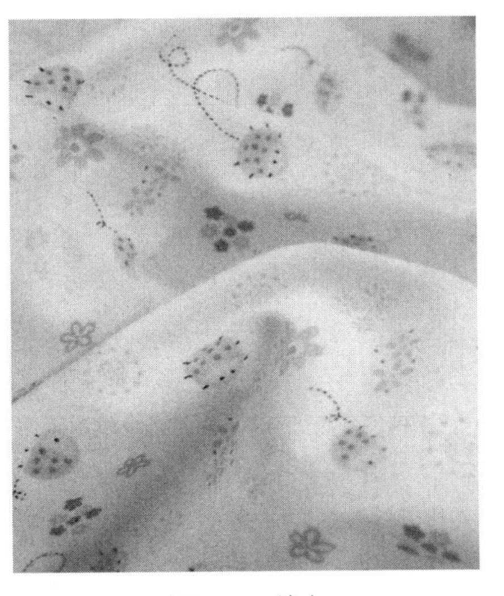

图3-40　绒布

⑪灯芯绒。以股线作经，单纱作纬，采用纬二重组织的绒类棉织物（图3-41）。其高纬密，经过割绒，布面经向有明显凹凸绒条，表面绒条像一条条灯芯草，故称灯芯绒。按每2.54cm（1in）宽织物中绒条数的多少，又可分为特细条灯芯绒（≥19条）、细条灯芯绒（15～19条）、中条灯芯绒（9～14条）、粗条灯芯绒（6～8条）和阔条灯芯绒（＜6条）等规格。这种织物的绒条丰满，质地厚实，耐磨耐穿，保暖性好。主要用作春、秋、冬季男女服装、衫裙、牛仔裤、童装、鞋帽面料等。

图3-41　灯芯绒

⑫平绒。平绒是绒坯经整理后，表面有短密、均匀耸立的绒毛的织物（图3-42）。

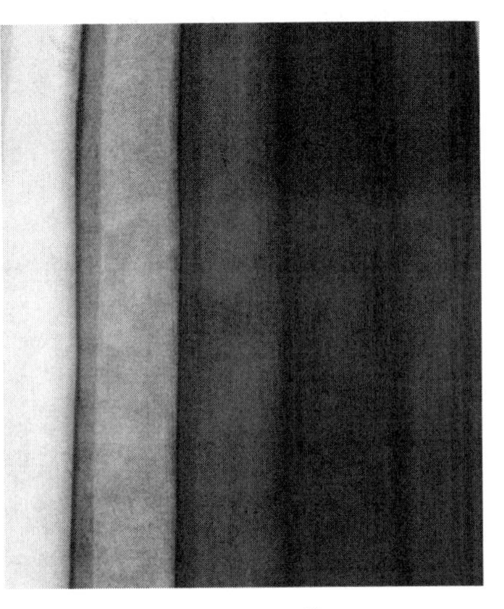

图3-42　平绒

其绒面平整，故名为平绒。平绒织物绒毛丰满，布身厚实，手感柔软，富有弹性，光泽柔和，耐磨耐用，保暖性好，不易起皱。根据绒毛形成方法的不同，分经平绒和纬平绒两类。经平绒需采用双层织物的织造技术，织成的双层坯布，在剖割机上将双层布剖割分开，成为两片单幅绒毛坯布，然后经过后道印染、刷毛、剪毛再刷毛后，烘干定型而成为成品。纬平绒在一般梭织机即可织造，以纬起绒组织织成的坯布，下机后送到开毛机上进行开毛，一般都采用导针-圆刀开毛机开毛。纬平绒织物属于高纬密织物，因绒毛较短，在开毛机上开毛难度大、织造效率低等问题，已经被平绒所替代。产品可用于火车座垫、军领章、服装和装饰用品。

⑬羽绸。以细号纱作经纬，采用缎纹组织的棉织物。其经向紧度大于纬向紧度，羽绸以元（黑）色为主，染其他色很少。染后经丝光、电光工艺处理，色泽乌黑光亮，类似丝绸，故称羽绸。织物平滑挺括，色泽光亮。布鞋加工业和家庭妇女用作布鞋滚边。棉布店裁剪成鞋滚条布小商品，销路很畅。制伞工业也作加工阳伞用布。

⑭罗缎。布面呈横条罗纹的棉织物，因布面光亮如缎而称罗缎（图3-43）。其质地厚实，适宜作外衣、童装、装饰用料，有时用作绣花底布，做绣花鞋等工艺品。一般采用经重平组织或小提花组织，以13.9号（42英支）双股线作经，27.8号（21英支）三股线作纬织成。由于纬线粗，布面呈现明的横条纹。坯布需经漂练、丝光、染色或印花、整理加工。

⑮泡泡纱。泡泡纱是一种布身呈凹凸状泡泡的薄形棉织物（图3-44）。其穿着透气舒适，洗后不需熨烫。泡泡纱的加工方法主要有机织法和化学法等。以中号、细号纱作经纬，利用双经轴使两组经纱张力不同织成。或在布面印上含碱印花浆，引起不同收缩，布面呈现凹凸泡泡状的平纹棉织物。

⑯绉布。绉布又称绉纱，来源于仿真丝绉类织物，是一种纵向有均匀皱纹的薄型平纹棉织物（图3-45）。其经向采用普通棉纱，纬向采用强捻纱，以平纹组织织制的织物，织物中经密大于纬密，纬纱略粗于经纱或经纬纱粗细相同，织成坯布后经松式染整加工，使纬向收缩约 30%，因而形成均匀的皱纹。所用原料为纯棉或涤棉。经起皱的织物，可进一步加工成漂白、杂色或印花织物。绉布质地轻薄，皱纹自然持久，富有弹性，手感挺爽、柔软，穿着舒适，主要用作各式衬衫、裙料、睡衣裤、浴衣、儿童衫裙等。

⑰线呢。线呢是色织物的主要品种，以单色股线或花色线作经纬织成的仿毛型棉织物，外观类似精梳毛织物的风格，故称线呢。线呢品种规格繁多，利用各种不同色泽原料、结构的纱线和织物组织的变化，可设计织制多种色彩、花型和风格的产品。线呢类织物手感厚实，质地坚牢，花纹图案丰富，立体感强，具有毛型感，主要用作春、秋、冬季各式外衣或裤子面料。线呢缩水率比较大。

⑱牛津纺。该品种起源于英国，以牛津大学的名字命名，是传统的精梳棉织物，又称牛津布（图3-46）。牛津纺是采用较细的精梳高支棉纱线或涤棉混纺纱线作经纱，较粗的普梳棉纱或涤棉混纺纱为纬纱织成的棉织物。牛津布布面呈双色效应，针点颗粒应凸出而饱满，色泽柔和，布身柔软，透气性好，穿着舒适，多用作衬衣、运动服和睡衣等。

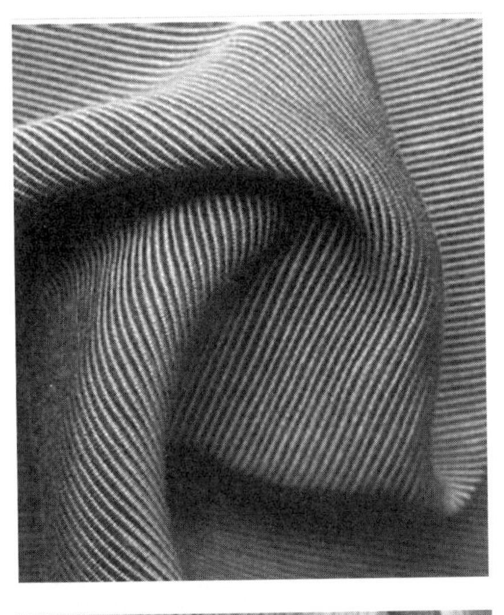

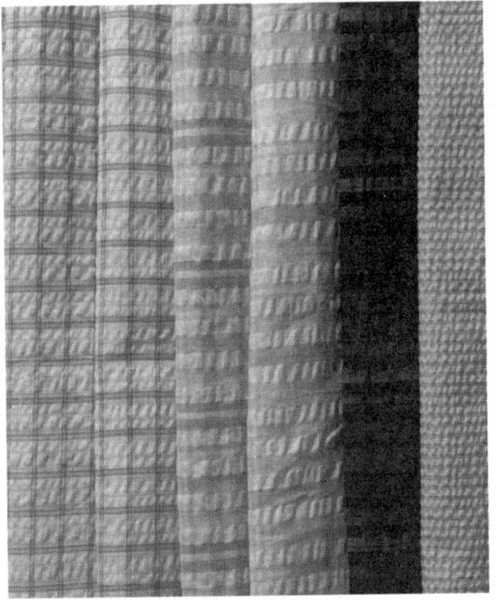

图3-43 罗缎

图3-44 泡泡纱

图3-45 绉布

图3-46 牛津纺

⑲牛仔布。牛仔布是以纯棉靛蓝染色的经纱与本色的纬纱交织而成的单面粗斜纹的棉织物，又称坚固呢、劳动布（图3-47）。其布面经纱浮点呈藏蓝色，纹路清晰，反面纬纱浮点呈本白色。质地紧密，经向紧度大于纬向，经向紧度一般在80%～90%以上，纬向40%～60%左右，总紧度在90%以上，坚牢耐穿，适宜制作劳动服装和家常便服；20世纪80年代以来，风行于全世界，已成为时装的系列品种。

牛仔布品种有了很大发展，牛仔布后整理种类有：石磨整理，产生“洗旧”效果，使牛仔服虽新如旧，却又干净如新；水磨整理；雪洗整理，磨毛整理，生物酶石洗整理等。颜色从靛蓝发展到浅蓝、黑色、白色、灰色、红色以及国际流行色相结合等；组织有平纹、破斜纹、缎纹、条格、提花等；由传统全棉为主，发展采用多种原料结构，有棉、毛、丝、麻天然纤维混纺，也有与化纤混纺，以及用弹力纱、紧捻纱、花式纱等作原料；由厚重型发展到中厚型或薄型；由一般后整理加工发展到液氨处理，使织物弹性好，手感丰满柔软，提高了产品档次。

⑳轧纹布。轧纹布呈现凸凹不平的花纹，是将已经染色或印花的细布，经机械工

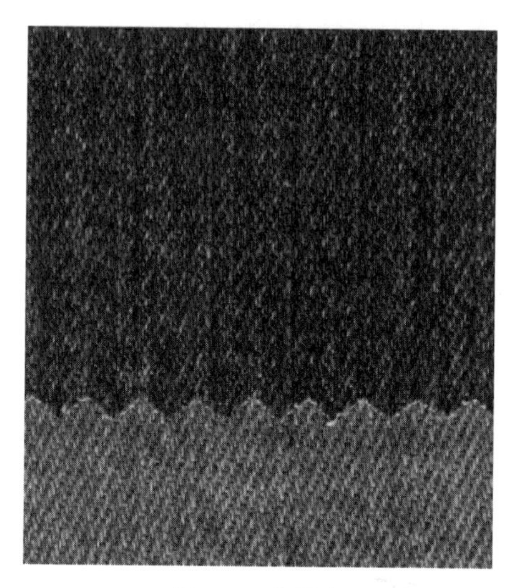

图3-47　牛仔布

图3-48　网眼布

图3-49　烂花布

艺轧出凸凹不平的花纹，再经过树脂整理，使扎出的花纹定型不变。采用这种方法，可以设计更多的不同的美丽花纹制成辊筒轧出各种各样的花纹。织物经轧纹后，外观有不同光泽和不同深浅程度的凹凸花纹，且主体感强，悬垂性良好。这种凹凸花纹，保型性好，耐水洗和拉伸。经轧纹后的薄型织物可作夏天的裙料和时装。

㉑ 网眼布。一种是用纱罗组织织制的透孔织物，其特点是由地经、绞经这两组经纱与一组纬纱交织，常采用细特纱并用较小密度织制（图3-48）。所用原料常为纯棉、涤棉及各种化纤。这种织物透气性好，经漂、染加工后，布身挺爽，除做夏季服装外，尤其宜作窗帘、蚊帐等用品。另一种是利用透孔组织与穿筘方法的变化，也可以织出布面有小孔的织物，但网孔结构不稳定，容易移动变化，所以也被称为假纱罗。

㉒烂花布。烂花布通常用涤纶长丝外包棉纤维的包芯纱作经纬纱，制成织物后，用酸剂制糊印花，经烘干、蒸化、使印着酸糊部分的棉纤维水解烂去，经过水洗，即呈现出留有涤纶的半透明轻薄混纺底布，使未烂去的花形凸显出来（图3-49）。烂花布除棉包涤的包芯纱外，还有粘纤包涤、醋酸纤维包涤以及涤棉、涤黏、涤麻等混纺织物制成的烂花产品。

烂花产品有透气性较好、尺寸稳定、挺括坚牢、快干免烫的特点。一般用作餐巾、枕巾、台布、床罩、窗帘等装饰用品，也可用作衬衣、裙料等服装用料；还可结合印花、刺绣、抽纱等加工，使产品更具高贵感和美观性。

㉓ 水洗布。水洗布是以棉布、真丝绸、化学纤维绸等织物为原料，经过特别处理后，使织物表面色调光泽更加柔和，手感更加柔软，并有轻微的绉度，或有几分“旧料”之感。这种衣物穿用洗涤后具有不易变

形、不退色、免熨烫的优点。较好的水洗布表面还有一层均匀的毛绒，风格独特，用水洗布制作的男女时装，美观大方，颇受我国青年男女的青睐。

㉔米通布（图3-50）。米通布分为经米通和纬米通。经米通布是经纱两种颜色交错排列的，而纬纱是一色的面料，比如，经纱黑白相间排列，而纬纱是一色的；反之，如果纬纱是两色交错排列，而经纱是一色的，则是纬米通布。由于两种颜色交错排列织成，很容易使布面疵点暴露，所以米通布用纱的质量要求较高，较多用于高档男女衬衫面料。

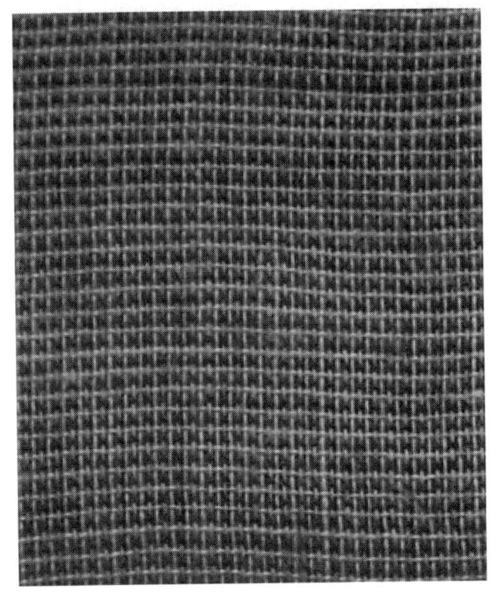

图3-50 米通布

㉕条格布。条格布是色织物中的大路品种，经纬纱用两种或两种以上的颜色间隔排列，单是经纱用两种或两种以上颜色，得到的是色条或彩条；经纬均用两种或两种以上颜色，得到的是色格或彩格。花型多为条子或格子，故称条格布。条格布的原料有纯棉、涤／棉、棉／维、富纤等。组织大多采用平纹，也有用斜纹、小花纹 、蜂巢、纱罗组织。条格布布面平整，质地轻薄，条格清晰，配色协调，花色明朗。根据颜色深浅不同分为深条格布和浅条格布。深浅条格布大多为全纱织品，少数为全线织品。其他还有彩条格斜（以斜纹组织织制）、哔叽条格和嵌线条格（在条格边沿嵌色线）等。条格布质地轻薄滑爽、条格清晰、布面平整、配色协调，主要用作夏令衣衫、内衣衫裤、冬令衣里及鞋帽里布等。纯棉条格布缩水率比较大。

㉖氨纶弹力织物。以氨纶丝为芯丝外包棉纤维的氨纶弹力纱织成的织物在国内外颇为流行，因为它具有15%～45% 的舒适弹性和与梭织物同样的外观、风格等性能。织物既具有舒适、合身、透气、吸湿等服用性能，又能保持服装的外形美观。

氨纶弹力织物按其弹性方向的不同，可分为经向弹力织物、纬向弹力织物和经纬向弹力织物。经向弹力织物是以氨纶包芯纱为经与纯棉或涤棉纱为纬交织而成。纬向弹力织物是以纯棉或涤棉纱为经与氨纶包芯纱为纬交织而成。选择何种方向弹力是根据人体肘、膝、背、臀4个部位活动时所受位伸力的大小与方向而定。弹性大小可根据人体活动的需要选择，一般性在12%～45%。通常，纬向弹力织物已能满足服用的需要，且织造生产比经向弹力织物简单；经向弹力织物大都用于裤料。

目前，我国生产纬向弹力织物的品种较多，粗厚织物有劳动布、灯芯绒、线呢（图3-51）等，中厚织物有华达呢、卡其（图3-52）等，细薄织物有平布、府绸等。

图3-51 线呢

图3-52 卡其

3.3.2 麻织物

（1）苎麻织物 以苎麻纤维为原料织制的织物，苎麻纺织品如不作特殊处理会略有刺痒感，但其吸湿散热、防腐抑菌等优点突出，具有吸湿散湿快、光泽好、挺爽透气的特点，适宜制作夏季服装、凉席（图3-53）、被褥、蚊帐和手帕等。苎麻织物表面常有粗节纱、大肚纱，形成特殊风格。国际上纺织业发达的国家一般都将其作为高档时装的面料。

苎麻织物断裂强度很高，湿强度尤高，断裂伸长极小，遇水后纤维膨润性较好，适宜作特殊要求的国防和工农业用布，如皮带尺，过滤布、钢丝针布的基布，子弹带、水龙带等。苎麻织物抗皱性和耐磨性差，拆缝处易磨损，吸色性差和织物表面毛绒较多，若作为衣着或家具用织物时，宜在使用前先预浆烫。

供衣着和家具用的苎麻织物分为长麻纤维织物与短麻纤维织物两类，以长麻纤维织物为主。

①长麻纤维织物。以纯麻纺为主，常见的品种为平纹、斜纹或小提花织物。成品大多是漂白布，也有浅杂色和印花布、抽绣品，如床单、被套、台布等，常以苎麻织物为基布。品质好的麻纤维，可纺出20 .8～16.7 tex的麻纱，有的甚至可纺出高达10 tex的高支麻纱，织制精致的苎麻布或采用未经缩醛的维纶纤维与苎麻纤维混纺，织成织物后再溶解掉维纶，制成高支精细的纯苎麻织物。还有苎麻纤维与化纤混纺的混纺苎麻织物或苎麻纯纺纱与化纤交织的产品。例如，苎麻纤维与涤纶短纤维混纺的麻涤混纺织物，使产品既有苎麻的吸湿、凉爽、透气的特性，又有涤纶的挺括、耐磨的优点。

②短麻纤维织物。采用精梳落麻为原料，通常以苎麻/棉为50/50的比例混纺成55.6 tex混纺麻棉纱，专供织制低档服装和茶巾、餐巾、野餐布等家具用的平纹织物；苎麻短纤维也可与其他纤维一起混纺，织制别具风格的雪花呢或其他色织布，供制作外衣用料（图3-54）。

图3-53 苎麻凉席

图3-54 麻棉混纺色织布

③夏布。夏布，也称为麻布，夏布乃华夏之布，历史追溯到华夏远古的文明时代。夏布因轻柔胜丝，避暑爽身，过去因主要用于制作蚊帐和夏季服装而得名。制作精细的苎麻夏布可以与丝绸媲美，是我国的传统的纺织品之一。在明清时隆昌夏布成为宫廷贡品，并开始销往海外，成为中国最早出口的纺织品。

夏布原料为苎麻，由苎麻纱经手工织成的一种平纹布，由手工把半脱胶的苎麻纤维片带状撕劈成细丝状，再头尾捻绩成麻纱，然后织成狭幅的苎麻布，夏布有淡草黄本色的或经过漂白的及染色和印花的平纹夏布。夏布用途广泛，穿着时有清汗离体、透气散热、挺爽凉快的特点。夏布的历史悠久，品种和名称繁多，有较高的经济价值、文化价值和历史价值，成为高档服装、床上用品、墙布、装饰、工艺美术品的重要面料（图3-55～图3-57）。

图3-55 夏布

图3-56 夏布帽子

图3-57 夏布围巾

（2）亚麻织物　以亚麻纤维为原料的织物。现在，胡麻、大麻等织物，因规格、特性、工艺相近，也归入这一类。亚麻具有吸湿散湿快、断裂强度高、断裂伸长小、防水性好、光泽柔和、手感较松软等特性，可用于服装、装饰，或作为国防和工农业特种用布。亚麻织物抗皱性和耐磨性差，拆缝处易磨损，在穿着使用前宜先上浆烫熨。由于亚麻的纤维整齐度差，致使成纱条干不良，因此织物表面有粗、细条痕，甚至还有粗节和大肚纱，但这又是亚麻织物的一种独特风格。

亚麻织物有细布和帆布两大类。

①细布类。以湿纺长麻纱为原料织制，也有用优质的栉梳薄麻或其他短麻，经精梳的湿纺短麻纱织制的。色泽以漂白为主还有浅杂色或印花的成品布。漂白亚麻布，主要用作抽绣品的基布。此外，还有棉经、麻纬的交织布，涤纶和亚麻混纺的细平布等品种。亚麻布做的服装，穿着挺爽凉快，适宜作夏令服装和床单、被套、手帕、台布等家具用织物（图3-58、图3-59）。

图3-58　纯亚麻布

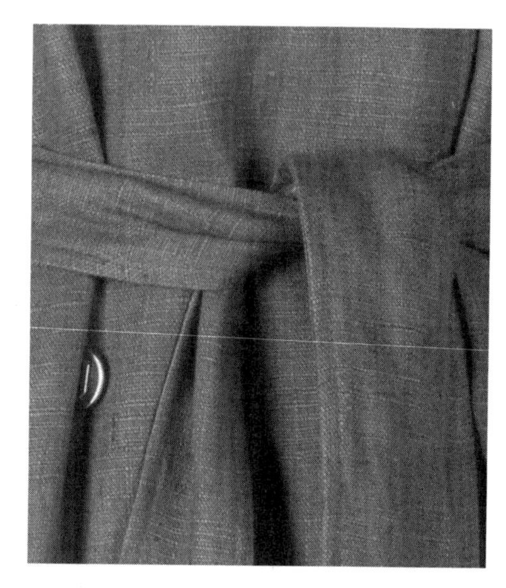

图3-59　亚麻服装

②帆布类。以干纺短麻纱为原料织制，常用作防水帆布、帐篷布、防雨罩布、枪炮衣、坦克和飞机罩布等国防和工农业特种用布和水龙带用布。

亚麻长期用于传统的夏季各类纺织品中，亚麻类产品已有亚麻纱、漂白布、混纺交织布、染色布、印花布、色织提花布、针织布、装饰布、床上用品、卫生保健、旅游、抽纱和产业用布13大系列共600多个花色品种。

3.3.3　毛织物

（1）毛织物特点　毛织物（又称呢绒）与其他织物相比，具有如下特点。

①弹性好，抗皱性好，能经常保持挺括。由于羊毛具有良好的弹性、伸长性和定型性，所以毛织物也具有良好的弹性，长久穿着后不易起皱，能经常保持织物的平挺，而熨烫成的褶痕只要不接触水也不会消失，保持衣物的外形。这种弹性因羊毛种

类而异，通常以较细的羊毛织物较好，死毛纤维含量较多的织物较差。

②保暖性好。在天然的纺织纤维中，羊毛的热导率最小，最不易导热，织成毛织物的保暖性也最好。由于羊毛表面有天然的鳞片，可以进行缩绒处理，缩绒能使粗纺毛织物紧密厚实，在毛织物的表面和毛织物中纱的表面形成一层绒毛，更增加了它的保暖性。而且羊毛卷曲和弹性使毛织物具有一定的蓬松性，使织物包含更多的静止空气，由于空气的热导率小，因此织物的保暖性也较好。同时缩过绒的毛织物，因表面有绒毛，手触有温暖感。

③吸湿好，穿着舒适性好。羊毛吸湿性好，相应的毛织物也有较好的吸湿性。棉织品含水量达到10%就有潮湿的感觉，而毛纤维有鳞片，弹性好，遇水后不像棉纤维那样粘贴在身上。毛织物含水高达20%时还没有潮湿感，因此毛织物能吸湿，使穿着舒适。

④坚牢耐穿，美观实惠。因为羊毛表面有一层鳞片，使毛织物具有较好的耐磨性能，加上羊毛弹性好，伸缩性大，能适应人体活动的伸缩，因此也较经久耐用。毛织物色泽度好于棉、丝织物，以优质染料所染的毛织物，在衣着破旧时，色泽仍无陈旧之感。由于毛织物具有上述优点，属纺织品中的高档品，售价高，创汇好，是颇有身价的产品。

（2）毛织物分类　毛织物主要分两大类：精纺（也称精梳）毛织物和粗纺（也称粗梳）毛织物。精纺毛织物所用原料长度较长，一般在60mm以上，毛纱中纤维排列平行整齐，结构紧密，外观光洁，强力较好，所纺纱细度较细，一般为10～34tex（30～100公支）之间。精梳毛织物以精梳毛纱或毛混纺纱为主织成的毛织物。纱支数较高，一般用双股线织制，呢面平整紧密，光洁挺爽。

精纺毛织物系精纺毛纱织制的织物，又称精纺呢绒。呢面洁净，织纹清晰，手感滑糯，富有弹性，颜色莹润，男装料紧密结实，女装料松软柔糯。精纺毛织物有全毛、毛混纺、纯化纤三大类，全毛织物除了用羊毛作原料以外，还包括羊绒、驼绒、兔毛、马海毛、阿尔帕卡毛、驼马毛等其他动物毛与羊毛混纺或单独纯纺的织物。另外，羊毛与蚕丝混纺或交织的织物也归入全毛一类；毛混纺织物是羊毛和其他纤维混纺或交织的织物，其他纤维有棉、麻等天然纤维和涤纶，粘胶，腈纶，锦纶等化学纤维；纯化纤织物用化学纤维作原料，只是采用精纺毛织物的制造工艺，模仿含毛精纺毛织物的风格特征而已。精纺毛织物的面密度一般在100～380g/m^2。由于人们生活水平的提高，织物有向轻薄方向发展的趋势。织物幅宽内销为144cm、外销为149cm，为适应服装裁剪工业化生产的需要，也采用152cm、154cm等。主要品种有凡立丁、派力司、啥味呢、哔叽、华达呢、马裤呢、巧克丁、贡呢、花呢、女衣呢等，以适应不同的季节、不同场合的需要。

粗梳毛纺所用原料长度较短，一般在20～60mm之间，毛纱中纤维多弯曲，呈自然状相互黏合，结构蓬松，表面多绒毛，所纺纱细度较粗，一般为50～500tex（2～20公支）。

粗纺毛织物系用粗纺毛纱织制的织物，也称粗纺呢绒。其手感丰满，质地柔软，表面一般都有或长或短的绒毛覆盖，给人以暖和的感觉。粗纺毛织物所用原料范围很广，棉、毛、丝、麻、化学纤维，从最高贵的山羊绒到最低廉的再生毛都能适用，但以羊毛为主体。按原料的组成分为全毛、毛混纺、纯化纤三类。粗纺毛织物面密度范围在180～840g/m²，织幅幅宽为143cm、145cm或150cm。粗纺毛织物原料选用范围广，细度差异大，加上色纱的配列、花式纱线的点缀、织物花纹的变化、双层组织与多层组织的应用，尤其是经过缩呢、起毛、磨绒、烫剪等整理加工，使粗陋的呢坯成为精美的呢绒。

粗纺毛织物品种丰富，风格多姿，按照后整理成品织纹交织的清晰度和表面毛绒的状态，大体上可分为纹面织物（图3-60）、呢面织物（图3-61）、绒面织物（图3-62）三类，各类织物的特点见表3-9。

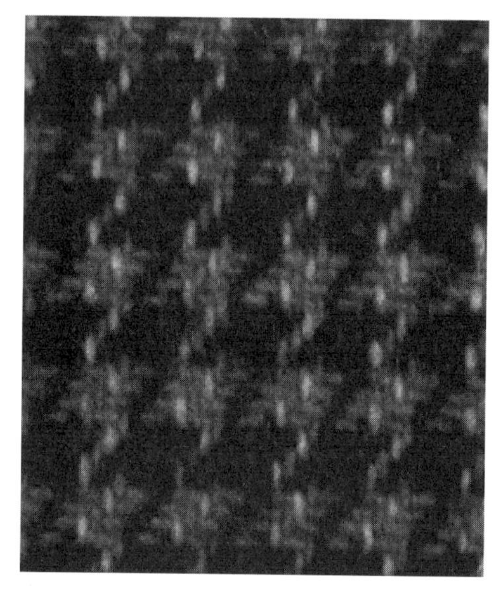

图3-60　纹面织物

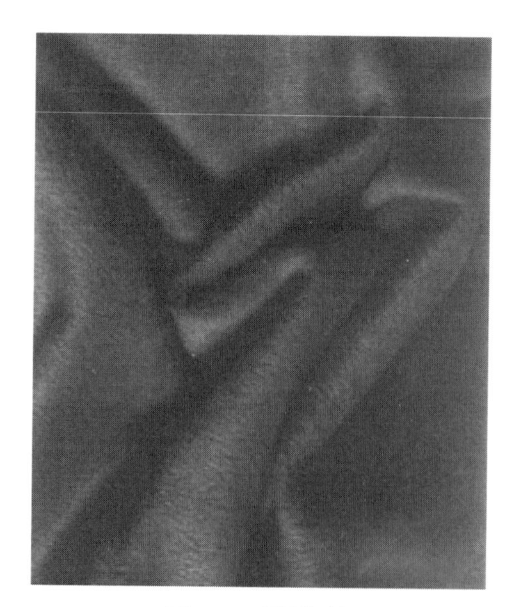

图3-61　呢面织物

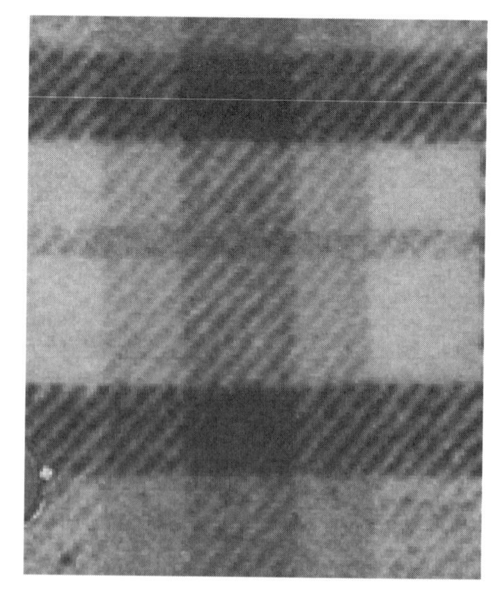

图3-62　绒面织物

表 3-9　各类粗纺毛织物的特点

分类	特点
纹面织物	露纹织物，表面织纹较清晰，采用不缩绒或轻缩绒的整理工艺。如松结构女式呢、人字呢、海力斯、粗花呢、提花呢等
呢面织物	表面不露底纹，采用缩绒或缩绒后轻起毛的整理工艺，呢身丰满，不露纹，也不覆盖绒毛。如麦尔登、海军呢、制服呢、学生呢、法兰绒、女式呢、大衣呢等
绒面织物	表面有较长的绒毛覆盖，采用起毛的整理工艺，形成绒面型、顺毛型、立绒型等

粗纺毛织物适于春秋季、冬季做外套和大衣，在女性时装方面更显出它色彩鲜艳、滑行表现力强、富有装饰美的特点。粗纺毛织物主要有海力司、制服呢、海军呢、麦尔登、大衣呢、法兰绒、长毛绒、粗花呢、女衣呢等。

（3）典型精纺毛织物特征及应用

①华达呢。采用斜纹组织，纹路倾斜角呈63° 左右，经密大于纬密1倍左右的精纺毛织物（图3-63）。呢面平整光洁，纹路清晰而细密，以素色为主。华达呢有双面单面和缎背组织三种，单面华达呢其斜纹角约为47° 。其面料挺括，滑爽，富有弹性。华达呢的品种有全毛华达呢、毛涤华达呢、毛涤混纺华达呢、毛涤绵混纺华达呢。

②哔叽。采用斜纹组织，纹路倾斜角呈50° 左右，经纬密度比较接近的单一素色精梳毛织物（图3-64）。有光面、毛面之分，以光面为主。毛哔叽滑糯，有弹性，品种有全毛哔叽、毛涤混纺哔叽、毛粘混纺哔叽、毛粘锦混纺哔叽。

图3-63　华达呢

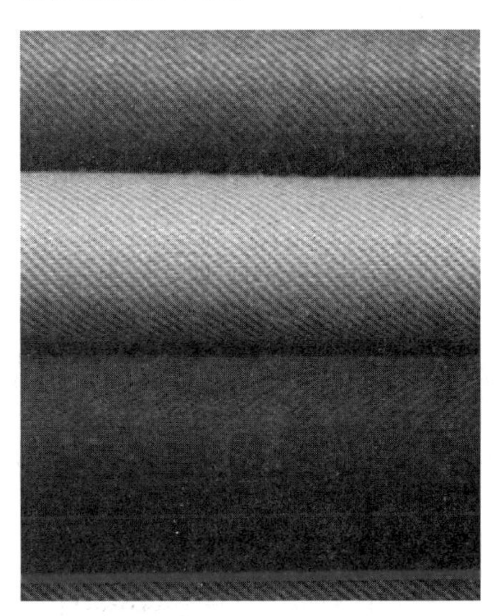

图3-64　哔叽

③啥味呢。以条染混色毛纱并线作经纬，采用斜纹组织，斜纹角度约为45° ，以混色为主的精梳毛织物。有光面、毛面之分，呢面一般有短小绒毛。所用原料以细羊毛为主，也有以粘胶、涤纶或蚕丝与羊毛混纺。啥味呢织品经轻微缩绒整理后，呢面有短小毛绒，且毛脚平整，手感软糯，有身骨、有弹性，光泽自然，斜纹隐约可见。啥味呢色泽雅素，以灰、米、咖啡色为主，宜用于春秋季两用衫和西裤等，故又名春秋呢。

④凡立丁。凡立丁系轻薄型平纹毛织物（图3-65），呢面条干均匀，织纹清晰、光洁平整，手感柔软滑爽，透气性好，色泽鲜明匀净，膘光足，以中浅色为主体；常见重量为170～200g/m^2，纱支数较细，经纬纱都为双股线，以素色为主，通常用匹染单色。凡立丁品种有全毛凡立丁、毛涤凡立丁、纯化纤凡立丁，是夏季的衣料。

⑤派力司。条染为主，以染色毛条和白色毛条，或不同色泽毛条纺成的混色纱作经纬，采用平纹组织的毛织物（图3-66）。多为线经纱纬，呢面有不规则状的雨丝花纹，派力司品种除了全毛派力丝外，还有毛涤派力司、纯化纤派力司等，也是夏季的衣料。

图3-65　凡立丁

图3-66　派力司

⑥花呢。花呢的组织除了大提花组织、起绒组织以外的其他组织都被采用。它运用了不同原料，不同粗细，不同捻度、捻向，不同颜色的纱线和异色合股花线、多股花线、花色纱线以及变化经纱穿筘密度、不同经纬密度比，变化织物的组织，特殊的印染工艺等，利用不同的纱线和组织的配合，构成各种精巧的几何图案。品种上由于花呢的组织结构没有限制，所用的经纬线原料和纱线粗细比较宽广，品种繁多。按原料分，有纯毛、混纺、纯化纤花呢。纯毛类中有纯毛花呢、马海毛花呢、驼绒花呢、羊绒花呢、丝毛花呢等；混纺类中有毛黏花呢、涤毛花呢、凉爽呢、毛涤黏三合一花呢等；纯化纤类中有涤黏花呢、涤腈花呢、黏腈花呢、纯涤纶花呢等。按花色分有素花呢、条花呢、格花呢等。按面密度分有195g/m^{2}以下的薄花呢（图3-67），薄花呢常见的有两种风格：一种手感滑挺薄爽而富有弹性；另一种手感滑软丰糯有弹性。195～315g/m^{2}的中厚花呢（图3-68），中厚花呢大体上分两种风格，一种为织纹清晰，呢面光洁紧密挺括，另一种为织纹略有隐蔽，呢面有轻而匀的绒毛。315g/m^{2}以上的厚花呢（图3-69）。

花呢是外销中的畅销品种，上述分类往往相互交叉。

图3-67　薄花呢

⑦凉爽呢。以涤纶纤维和羊毛混纺的高支纱线作经纬（一般含量为羊毛45%、涤纶55%），采用平纹组织，具有免烫性的精梳毛织物。

⑧直贡呢。贡呢为紧密细洁的缎纹中厚型织物。直贡呢是采用经面缎纹组织、纹路倾斜角呈75°以上的精梳毛织物（图3-70）。它是高经密织物，呢面细洁平整，手感滑糯，色泽光亮，特别是乌黑色直贡呢又称“礼服呢”。

⑨横贡呢。采用纬面缎纹组织，纹路倾斜角呈20°左右的精梳毛织物（图3-71）。横贡呢呢面平整，手感挺括滑糯，因为是缎纹组织，织制又紧密，故光泽极好。

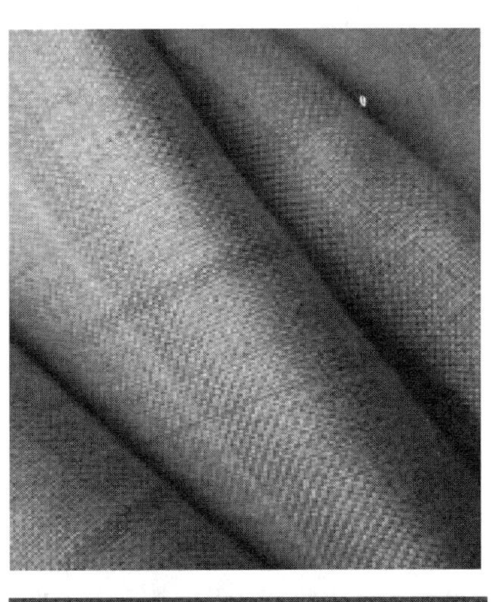

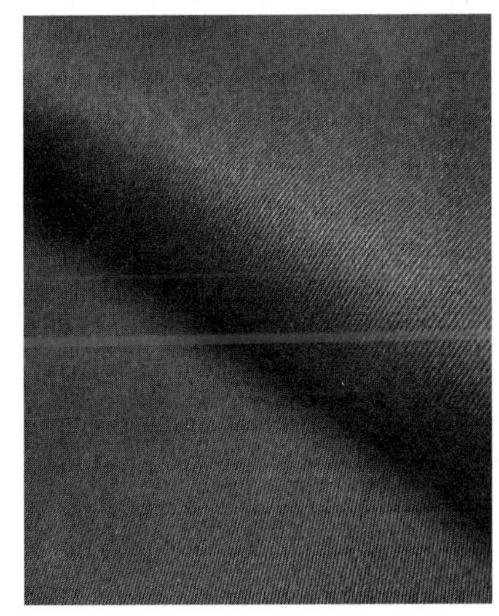

图3-68 中厚花呢

图3-69 厚花呢

图3-70 直贡呢

图3-71 横贡呢

⑩马裤呢。马裤呢采用粗支纱，是斜纹或急斜纹组织、经密高于纬密、纹路粗而突出的精梳毛织物（图3-72）。马裤呢是一种厚型毛织物，一般面密度为340～400g/m²，坚牢耐磨，适宜做骑马裤子，由此而得名马裤呢。品种有素色马裤呢、混色马裤呢和夹丝马裤呢。

⑪巧克丁。巧克丁是一种经密高的急斜纹织物，斜纹角度达63°（图3-73）。其呢面光洁，条纹清晰而凸出，条纹每两条一组，像针织物那样有明显的罗纹条，由此而得“tricotine（针织）”的英文名。其不如马裤呢重，一般面密度在270～320g/m²。品种有素色巧克丁、花线织的混色巧克丁。

图3-72　马裤呢

图3-73　巧克丁

⑫ 驼丝锦。驼丝锦采用高支纱，为细结而紧密的中厚型素色毛织物，经过重缩绒和起毛整理，表面有一层短、密、匀、齐的顺绒毛，驼丝锦名称来源于“doeskin”，意即母鹿的皮，比喻品质精美。

驼丝锦是一种高级毛织物，色泽以黑色为主，也有深藏青色、白色、紫红等。按所用纱线分，有精纺驼丝锦、粗纺驼丝锦和粗精纱交织驼丝锦等三种。常采用五枚、八枚缎纹组织，经纬密度高。常见面密度为280～360g/m^2。多经过毛条染色和光洁整理。

⑬ 板司呢。一般采用平纹组织，呢面呈现深浅色相衬小花纹的精梳毛织物（图3-74）。适用于西装、西裤、套装、中山装、学生装、两用衫、夹克、猎装、小背心等。

⑭ 海力蒙。它与哔叽是同属一类的产品，海力蒙又称人字哔叽，唯身骨较哔叽稍厚实，为较哔叽高一档的服装面料（图3-75）。其面密度为270g/m^2，织物表面呈现山形（或称人字形）条纹为其风格特征，有宽人字纹、细小人字纹，以及各种变化人字纹。成品大多需经过缩绒整理，通常经纱用浅色，纬纱用深色，配色调和，采用色织织造，少数也有染成素色，为秋冬流行的产品，海力蒙适于制作各类西装、西裤。

图3-74　板司呢

图3-75　海力蒙

⑮女衣呢。以高支精梳毛纱作经纬、组织复杂、图案变化较多的精梳毛织物（图3-76）。其重量轻、结构松、手感柔软、色彩艳丽，且在原料、纱线、织物组织、染整工艺等方面充分动用各种技巧，具有装饰美感、色彩花纹流行入时的特点。成品面密度以180～260g/m²为多。

图3-76 女衣呢

⑯长毛绒。俗称“人造毛皮”，又名“海虎绒”或“海勃龙”，属起毛织物。以棉纱作地经、地纬，毛纱作起毛经，采用双层组织，织成后剖割成单层的立绒起毛织物（图3-77）。正面具有长2～20mm的绒毛、背面为棉纱底板。质地松软，保暖性好。服装用主要有素色长毛绒、印花长毛绒等。

长毛绒根据用途可分为三类：衣面绒，适宜做冬季女式大衣（图3-78）、衣领和帽料，品种有素色、混色夹毛、条子长毛绒和在素色长毛绒上剪成的凹凸长毛绒和印花长毛绒，有时印成虎豹色彩，称为仿兽皮绒；衣里绒，主要供作大衣衬里用，毛丛密度比衣面绒小，原料也差，价格比较便宜；椅面绒，也称沙发绒，主要供沙发、火车、高级轿车的座椅用。

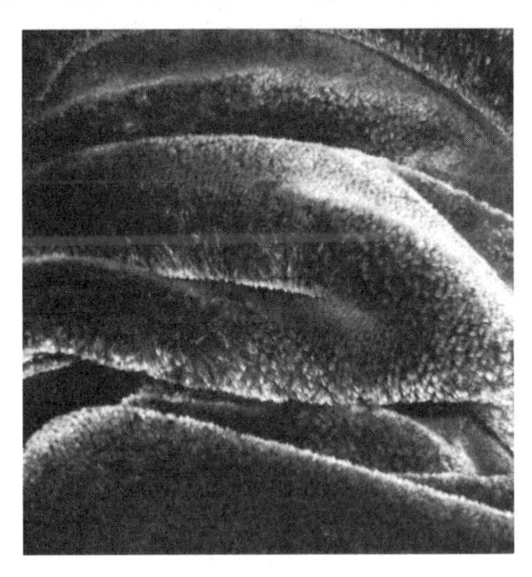

图3-77 长毛绒

图3-78 长毛绒大衣

⑰羊绒花呢。其组织结构与花呢相同，但多用人字呢组织即破斜纹组织，是含有羊绒的精纺花呢，一般含绒量为20%左右。羊绒是一种高贵的动物纤维，价格昂贵。羊绒花呢除了具有一般花呢的特点外，还具有特别滑糯、光泽滋润、悬垂性好的风格特征，给人以舒适、温暖的感觉，适宜制作高档服装。

（4）典型粗纺毛织物特征及应用

①麦尔登。以细支羊毛为主要原料，12公支左右粗梳毛纱作经纬（或以精梳毛纱作经），是一种品质较优的粗纺呢绒（图3-79），因在英国MELTON地方创制而得

名。面密度在360～480g/m^2，用料较好，经纬向紧度高达90%，结构紧密，表面有细密毛绒覆盖，手感丰厚，富有弹性，成衣挺括，不易褶皱，耐磨耐穿，不起球，有抗水防风的特点。品种按原料分，有全毛麦尔登和混纺麦尔登两大类。纯羊毛麦尔登，细度为25.0～20.6μm，呢面型，重缩绒不起毛织物，呢面细洁平整、均匀，身骨紧密，挺实，耐起球，不露底，富有弹性，颜色多为藏青、黑色或其他深色，适合做上装及披风等。

②海军呢。海军呢为海军制服呢简称，亦称细制服呢，其面密度在360～490g/m^{2}之间，是以中档原料、10公支左右粗梳毛纱作经纬，采用斜纹组织，基本不露底纹的粗梳毛织物（图3-80）。用料等级介于麦尔登与制服呢之间，经纬向紧度为80%左右，紧密程度优于制服呢，但不如麦尔登。染色多为匹染，颜色以藏青、黑色为主。手感厚实，有身骨，呢面紧密，不露纹地。适用于秋冬季外衣，用来制作铁路、海关、海军服装。全毛海军呢，细度在27.0μm以下，呢面型，呢面细洁平整，质地较紧密，有身骨，不露底，基本不起球，有弹性。

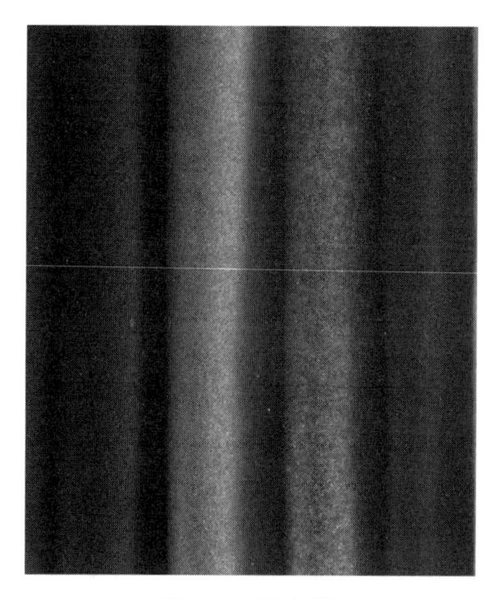

图3-79　麦尔登

图3-80　海军呢

③制服呢。制服呢是一种较低级的粗纺呢绒，是以较低档原料、8公支左右粗梳毛纱作经纬，采用斜纹或破斜纹组织，一般表面露纹或轻微露纹的粗梳毛织物（图3-81）。面密度在450～520g/m^{2}之间，经纬向紧度分别为83%和75%。呢面平整，质地紧密，手感稍感粗糙，多为匹染，颜色以藏青、黑色为主，可作冬秋季服装。全毛制服呢，细度为30.0～20.6μm，呢面型，呢面平整，质地较紧密，不露纹或半露纹，手感不板，有弹性。

④海力斯。是以较粗羊毛为原料、4～8公支粗梳毛纱作经纬（毛纱多由染色散毛和白色毛混纺而成）的混色粗梳毛织物（图3-82）。面密度在350～500g/m^{2}之间，经纬向紧度在65%左右，织造时采用色纱排列制成平素海力斯或带人字、格子等花式海力斯。它属纹面型粗花呢，结构较松，绒面织纹显露，手感厚实，挺括，富有弹性，可作男西上装等。全毛海力斯，细度为30.6～26.0μm，纹面型，结构较松，织纹显露，手感丰满，有弹性，绒面上呈现异色，富有粗犷风格。

⑤大衣呢。大衣呢主要有平厚大衣呢、顺毛大衣呢、立绒大衣呢、拷花大衣呢等。它的原料都为62.5～250tex（4～16公支）的粗梳毛纱为经纬，面密度为350～850g/m^2，是重厚粗梳毛织物。采用的组织结构变化多，比较复杂，有单层、纬二重及双层组织，也有一般斜纹组织。

⑥全毛平厚大衣呢。纯羊毛，细度为30.6μm以下，呢面型，呢面平整，匀净，质地紧密，不露底，有弹性，不板不硬，为粗纺呢绒中紧度较高的品种之一。常匹染成藏青、咖啡等色。

⑦拷花大衣呢。是一种呢面拷出本色花纹的立绒型、顺毛型大衣呢（图3-83）。面密度在580～840g/m^2，采用58～64支羊毛为原料，62.5～125tex（8～16公支）粗梳毛纱作经纬，采用一组经纱、两组纬纱的纬二重组织，经纱和地纬织成拷花大衣呢的底布，经纱又和表纬纱（毛纱）交织成拷花花纹呢面织制而成的。经过多次刺辊湿拉毛和多次剪毛，使表纬断裂开花，再经搓呢、刷毛、拷打、剪毛等一系列拷花过程，使组织回松，绒毛竖立整齐，而显现出人字、斜纹或不同形状凹凸立体花纹。绒毛饱满自然，质地丰厚，手感柔软，保暖性好。拷花大衣呢常用散纤维染成藏青、咖啡等色。若与山羊绒混纺染成黑色再加本白色马海毛，则可制成羊绒银枪拷花大衣呢，这是属于高贵华丽的大衣呢。全毛拷花大衣呢，细度为27.0～20.6μm，拷花型，有人字形凹凸花纹，质地丰厚，绒面丰满，有立体感，有弹性，手感柔软，耐磨。

⑧立绒大衣呢。面密度在420～780g/m^2，是用48～64支弹性较好的羊毛作原料，71.4～166.7tex（6～14公支）粗梳毛纱作经纬，斜纹，五枚纬面缎纹织制而成的。绒面具有细密蓬松像丝绒那样矗立的毛茸，经过多次拉毛，反复剪毛，使表面毛纤维逐步竖立，剪平而成。绒面丰满，绒毛密立平齐，手感柔软，富有弹性，耐磨不起球，富有自然光泽。立绒大衣呢都匹染成咖啡等中深色。全毛

图3-81　制服呢

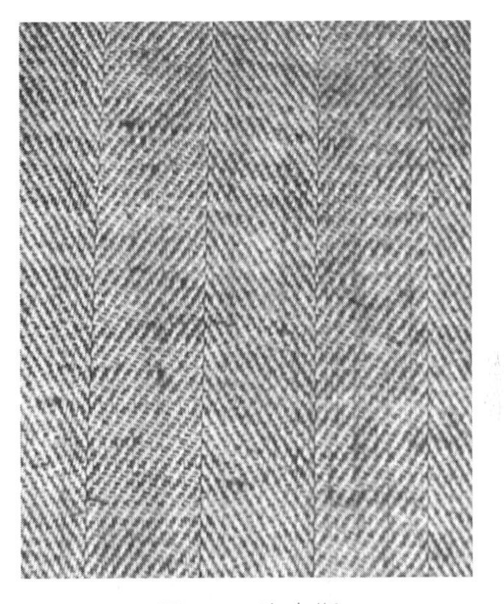

图3-82　海力斯

图3-83　拷花大衣呢

立绒大衣呢，细度为34.0~20.6μm，立绒型，呢面上有一层浓密耸立的绒毛，绒面丰满，手感丰厚柔软，有弹性，不松烂，光泽匀和。

⑨全毛顺毛大衣呢。纯羊毛，细度为34.0~25.0μm，顺毛型，绒毛顺伏，平整均匀，膘光足，手感润滑柔软，不露底，不松烂。除采用羊毛作原料外，还常用特种动物纤维，如山羊绒、兔毛、驼绒、牦牛绒等与羊毛混纺，制成各种高档顺毛大衣呢，如平绒顺毛大衣呢、兔毛顺毛大衣呢、牦牛绒顺毛大衣呢等。产品充分显示了珍贵动物纤维细、软、滑、轻、暖的特点（图3-84）。绒面毛绒平伏，手感滑糯柔顺，富有动物毛皮的膘光和兽皮风格。

⑩银枪大衣呢。实际是一种顺毛大衣呢，其组织、规格、工艺与顺毛大衣呢相同，唯原料配比中改用10%左右的粗特马海毛（图3-85）。马海毛是一种安哥拉山羊毛，光泽特亮。银枪大衣呢使用本白马海毛与染成黑色的羊毛、羊绒或其他动物纤维均匀混合，在乌黑的绒面中均匀地闪烁着银色发光的枪毛，美观大方，是大衣呢中高档品种。也有利用三角形截面的有光涤纶纤维代替马海毛，织制彩色仿银枪大衣呢。

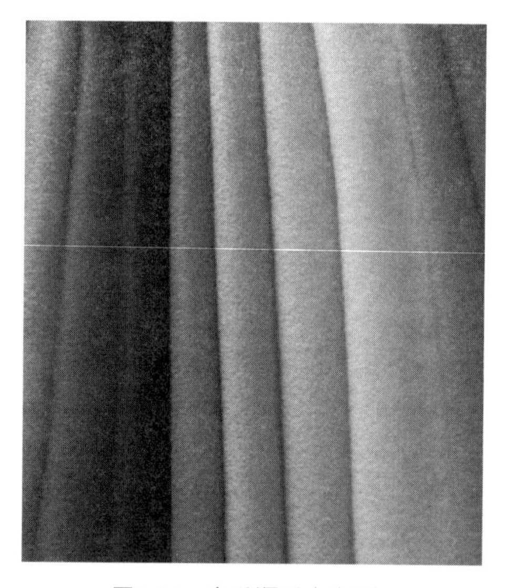

图3-84　全毛顺毛大衣呢

图3-85　银枪大衣呢

⑪羊绒大衣呢。是高档新产品大衣料。其组织结构为变化斜纹组织，用料是100%山羊绒或50%澳毛、50%山羊绒。其采用条染工艺，特点是具有羊绒感，绒面短齐，花型活泼，有立体感，光泽自然柔和，手感细腻，滑糯。

⑫法兰绒。是传统品种，首先生产于英国威尔士。其面密度在260~320g/m^{2}之间，组织大多为平纹，也有斜纹（图3-86）。它用散纤维染色再与本白色纤维混纺，并掺入精梳短毛、棉花或粘胶纤维作填充料，织物表面有短毛茸，手感柔软，色泽以黑白混成的灰色为主，可作春秋衣料。若有细特毛纱，可织制成薄型高级法兰绒（面密度仅200g/m^{2}左右），是高档的衬衫、连衣裙、单裙的面料。法兰绒的品种有素色法兰绒、鸳鸯色法兰绒、花式法兰绒、弹力法兰绒等。全毛法兰绒，细度为25.0~20.6μm，绒面型，重缩绒不露纹，呢面覆盖有短毛茸，丰满细洁，手感柔软，有弹性。

⑬粗花呢。粗花呢是5～14公支的单色纱、混色纱或合股线、花式纱线与各种花纹组织配合成多种风格的粗梳毛织物（图3-87）。全毛呢面粗花呢，细度为31.0～25.0μm，呢面型，呢面平整，质地紧密、平整，身骨厚实不松硬。全毛绒面粗花呢，细度为25.0～20.6μm，绒面型，绒面丰满，整齐，手感丰厚柔软，有弹性。全毛纹面粗花呢，细度为31.0～25.0μm，纹面型，表面织纹清晰，纹面匀净，身骨挺，有弹性，柔软而不松烂，光泽鲜明。全毛松结构粗花呢，细度为30.6～26.0μm，松结构，纹面清晰匀净，手感丰满，身骨挺，不烂，有弹性，色泽柔和。

图3-86　法兰绒

图3-87　粗花呢

⑭钢花呢。钢花呢也称“火姆司本”，是粗花呢的传统品种，因表面除一般花纹外，还均匀散布着红黄、绿、蓝等彩点，似钢花四溅而得名（图3-88）。织物分纹面型和呢面型，其原料、线密度、重量、组织、整理工艺均与其他粗纺花呢相似，任何纹面、呢面型粗花呢加入适量的彩点都可制成钢花呢，适用于春秋大衣、上衣、外套等。

⑮女式呢。是粗纺呢绒大衣类品种之一，面密度在180～400g/m^2，以匹染为主，色泽鲜艳，手感柔软，细洁平整（图3-89）。采用多变的原料、纱号、组织等手段以获得绒面风格各不相同的平素、松结构产品。女式呢手感柔软，有弹性，色泽鲜艳。品种有平素女式呢、立绒女式呢、顺毛女式呢和松结构女式呢。其与女衣呢相同之处是结构繁多，外观多样，一般为素色，都有一层绒毛，外观十分相似。不同的是呢面风格，女式呢因经过缩绒处理，呢面有紧密的绒毛，而精纺女衣呢则用刺果拉毛，呢面细洁，覆盖一层细致而松散的短丛毛；手感方面，粗纺女衣呢因采用单股粗梳毛纱，有身骨并厚实，而精纺女衣呢用的纱较细，经线是合股线，手感柔软，但较为轻薄。全毛呢面女式呢，细度为27.0～20.6μm，呢面型，呢面细洁、平整，不露底或微露底，手感柔软，有弹性，色泽鲜艳。全毛绒面女式呢，细度为27.0～20.6μm，绒面型，绒面丰满匀净，身骨丰厚，有弹性，手感柔软，色泽鲜艳。全毛纹面女式呢，细

度为31.0～20.6μm，纹面型，织纹清晰，匀净，光泽鲜明，身骨挺而有弹性，柔软而不松烂。

全毛松结构女式呢，细度为27.0～20.6μm，松结构型，轻缩绒或不缩绒，不起毛，质地疏松，花纹清晰，色泽鲜艳。

图3-88　钢花呢

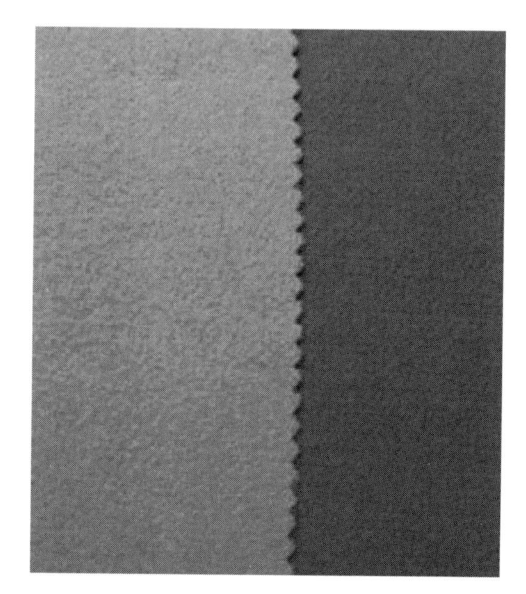

图3-89　女式呢

⑯粗服呢。粗服呢又称纱毛呢，属于粗纺呢绒中一种低档品种。它是利用精梳下脚毛、粗短毛、再生毛及粘纤、锦纶等化纤，并选用部分四、五级国毛为原料。是一种棉经毛纬的粗纺呢绒，以棉线作经，6公支以下毛纱（内或掺有下脚毛）作纬，采用斜纹组织的粗梳毛织物，面密度为480g/m^2，多为匹染，织物质地坚实、耐磨，手感稍糙，适宜制作学生服、工作服等。

⑰学生呢。学生呢又称大众呢，以粗支羊毛、精梳短毛，或再用毛、化纤为原料纺成10公支左右的毛纱作经纬，采用斜纹组织的粗梳毛织物。多为匹染。外观风格近似麦尔登，只不过所用原料略差一点（除混入精梳短毛外，还混入回毛和下脚毛）。它是一种低档的麦尔登，面密度为400～520g/m^2，常匹染成藏青、墨绿、深红等色。由于原料的纤维短，虽经后整理精工制作，但与麦尔登比较仍有易起球、落毛、露底等不足之处，因价格较低，主要用作学生制服。

（5）羊毛标志　国际羊毛局（IWS）是国际上最权威的羊毛研究和信息发布机构，国际羊毛局的纯羊毛标志是世界最著名的纺织品保证商标。

纯羊毛标志品牌有“纯羊毛标志（WOOL MARK）”、“高比例混纺标志（WOOLMARK BLEND）”、“羊毛混纺标志（WOOL BLEND）”三种（表3-10）。这三种标志的产品除了羊毛含量，其产品标准是一样的，只有质量完全达到国际羊毛局品质要求的产品才能使用国际羊毛局羊毛产品标记。纯羊毛标志是世界上著名的纺织纤维商标。它是羊毛纤维含量和质量的保证。

表 3-10 国际羊毛局羊毛产品标志与含义

标志	含义
WOOLMARK	任何带有纯羊毛标志的产品，都是由100% 纯新羊毛构成，并通过国际羊毛局（IWS）的认证，符合特定的质量标准，提供纯天然的舒适感。“新羊毛”是指羊毛制品中不使用再生毛。这一点极为重要，因为再生毛的品质受到破坏，由再生毛生产的产品绝不能挂纯羊毛标志
WOOLMARK BLEND	代表了创新的天然高性能产品，要求含有至少50%或以上的新羊毛
WOOL BLEND	代表高科技新羊毛混纺产品，含有30%～49%的新羊毛，为创新羊毛面料提供质量保证

3.3.4 丝织物

丝绸是指以蚕丝（桑蚕、柞蚕或其他的蚕丝）、化学纤维长丝（粘胶丝、涤纶丝、锦纶丝、铜氨丝、醋酸丝等）或以其为主要原料织成的各种织物。主要包括纯织和交织两类织品，统称为丝织物。丝绸织物的原料是桑蚕丝、柞蚕丝、粘纤丝和合纤长丝等，但主要是桑蚕丝。

（1）丝织物分类 见表3-11。

表 3-11 丝织物的分类

分类原则	分类
按原料分类	真丝绸类、柞丝绸类、绢丝绸类、粘纤丝绸类、合纤绸类、交织绸类
按组织结构分类	普通型丝织物、起绒型丝织物、纱罗型丝织物
按染整加工分类	生织物（全练织物），是指未经染色的经纬线先加工成丝织物，而后再经染整加工的织物，如乔其、素绉缎、留香绉等
	熟织物（先练织物），是指经纬线先染色，织成后即为成品的织物，如塔夫绸、织锦缎等
	半熟织物（半练织物），是指部分经纬丝先经过染色，织成后再经练染或整理加工所形成的丝织物，如天香绢、修花绢等
按织物结构形态分类	可分为绡、纺、绉、缎、锦、绫、绢、纱、罗、绨、葛、绒、呢、绸14大类和38小类

（2）丝绸14大类名称和含义 见表3-12。

表 3-12　丝绸 14 大类名称和含义表（BG/T 22860—2009）

序号	类别	含义
1	绡类	采用平纹或假纱等组织，通常经、纬加捻，密度较小，质通轻薄透孔的织物
2	纺类	采用平纹组织，经、纬不加捻或弱捻，绸面平整缜密的织物
3	绉类	采用平纹或其他组织结构，运用加捻工艺，绸面呈现明显的绉效应，富有弹性的织物
4	缎类	采用缎纹组织，绸面平滑肥亮的织物
5	锦类	采用斜纹、缎纹等组织，经纬不加捻或低捻，绸面呈瑰丽多彩，花纹精致的色织提花织物
6	绫类	采用斜纹或斜纹变化组织，绸面具有明显斜向纹路的织物
7	绢类	采用平纹或平纹变化组织，熟织或色织套，绸面细密平挺的织物
8	纱类	全部或部分采用纱组织，绸面呈现清晰纱孔的织物
9	罗类	全部或部分采用罗组织，绸面纱孔呈条状的织物
10	绨类	采用平纹组织，以各种长丝作经，棉纱蜡线或其他短纤维纱线原料作纬，质地较粗厚的织物
11	葛类	采用平纹、平纹变化组织或急斜纹组织，经细纬粗，经密纬疏，质地厚实，有比较明显的横棱纹织物
12	绒类	全部或部分采用绒组织，绸面呈绒毛或绒圈的织物
13	呢类	采用或混用基本组织、联合组织及变化组织，质地丰厚的织物
14	绸类	采用或混用各种基础组织及变化组织，质地较紧密或无以上各类特征的织物

（3）丝绸38小类的名称和含义　见表3-13。

表 3-13　丝绸 38 小类的名称和含义表

序号	类别	含义
1	双绉类	应用平纹组织，纬向采用2Z、2S排列的强捻丝，绸面呈均匀绉效应的织物
2	碧绉类	纬向采用碧绉线、绸面呈现细密皱纹的织物
3	乔其类	采用平纹组织，经向、纬向均采用中、强捻丝，质地较稀疏轻薄，绸面呈现纱孔和皱效应的织物
4	顺纡类	纬向采用单向强捻丝、绸面呈现不规则直向皱纹的织物
5	塔夫类	采用平纹组织、质地细密挺括的并有明显丝鸣感的熟织物
6	生类	采用生丝织造，不经精练的织物
7	电力纺类	一般指采用桑蚕丝（柞丝）生织的平纹织物
8	薄纺类	一般指采用桑蚕丝生织，绸重在26g/m²及以下的平纹织物
9	绢纺类	经纬均采用绢丝的平纹织物
10	绵绸类	经纬均采用细丝的平纹织物
11	双宫类	全部或部分采用双宫丝的织物
12	疙瘩类	全部或部分采用疙瘩、竹节丝，绸面呈疙瘩效应的织物
13	条子类	采用不同的组织、原料、排列、密度、色彩等各种方法，外观呈现横、直条形花纹的织物

续表

序号	类别	含义
14	格子类	采用不同的组织、原料、排列、密度、色彩等各种方法，外观呈现格形花纹的织物
15	透凉类	采用假纱组织，构成似纱眼的透孔织物
16	色织类	全部或部分采用色丝织造的织物
17	双面类	应用多重组织正反面均具有同类型斜纹或缎纹组织的织物
18	提花类	提花织物
19	修（剪）花类	按照花型要求，修剪除去多余的浮长丝线的织物
20	特染类	经、纬线采用扎染等特种染色工艺，绸面呈现两色及以上花色效应的织物
21	印经类	经线印花后再进行织造的织物
22	拉绒类	经过拉绒整理的织物
23	立绒类	经过立绒整理的织物
24	和服类	幅宽在45cm以下，或织有开剪缝，供加工和服专用的织物
25	挖花类	采用手工或者特殊机械装置，挖成整齐光洁的花纹，背面没有浮长丝线，不需要修剪的丝织物
26	烂花类	采用化学腐蚀方法，产生花纹的织物
27	轧花类	采用刻有花纹钢辘筒的轧压工艺，绸面呈现显著的松板纹、云纹、水纹等有折射效应和凹凸花纹的织物
28	高花类	采用重经组织或者重纬组织、粗细悬殊的原料、不同原料的强伸强缩等方法，绸面呈现显著凸起花纹的织物
29	圈绒类	采用经起绒组织，外观呈现细密均匀的绒圈织物
30	领带类	专门制作领带的织物
31	光类	采用金银铝皮线和各种不同光泽特征的丝线，辅之以不同的组织和排列，外观呈现亮光、星光、闪光、隐光等不同光泽效应的织物
32	纹类	采用绉组织或其他组织，绸面呈现星纹或各种小花纹的织物
33	罗纹类	单面或双面呈经浮横条的织物
34	腰带类	专门制作和服腰带的织物
35	打字类	专门制作打字色带的织物
36	莨绸类	将纯桑蚕丝织物为原料经薯莨汁浸泡多次后，经过河泥、晾晒等传统手工艺加工而成的表面呈现黑色发亮、底面呈咖啡色正反异色的织物
37	大条类	经、纬采用柞大条丝的平纹织物
38	花线类	全部或部分采用花色捻线或拼色线的织物

（4）典型丝织物特征及应用

①烂花绡。烂花绡类丝织物的，地经与纬线均为单纤锦纶丝，花经为有光粘胶丝。地经与纬交织成平纹，花经与纬交织成五枚缎纹花，采用平纹地起五枚经缎花组

织，坯绸经烂花处理后，因为锦纶丝和粘胶丝具有不同的耐酸性能，部分花经被烂掉，使织物花地分明，地布轻薄透明，花纹光泽明亮（图3-90）。

修花绡则对不提花部分的浮长丝加以修剪（图3-91），如伊人绡、迎春绡。

②东风纱。是桑蚕丝白织绡类丝织物。其绸面光泽柔和，手感舒爽，质地薄如蝉翼，与西汉时期的禅衣素纱相近（图3-92）。由于织物轻薄，结构疏松，选用A级以上优质桑蚕丝原料为好。

图3-90　烂花绡

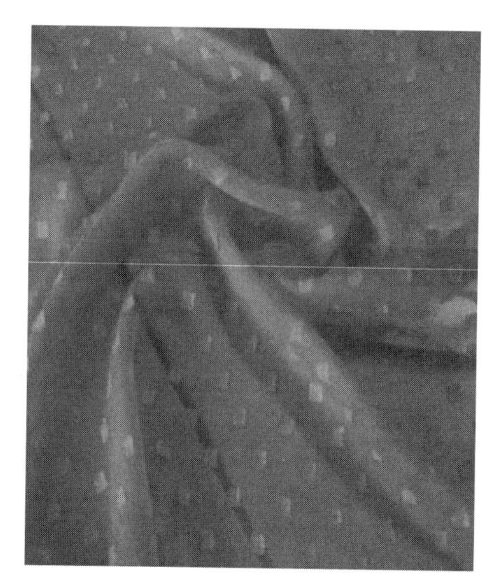

图3-91　修花绡

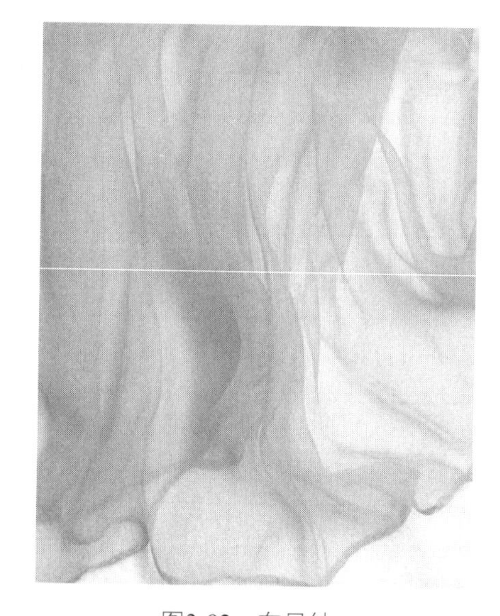

图3-92　东风纱

③双绉。采用平纹组织，以弱捻或无捻桑蚕丝作经，两根左捻、右捻强捻桑蚕丝作纬交替织造，绸面呈均匀绉效应（图3-93）。双绉按经纬所用原料不同，可分为真丝双绉、人造丝双绉和蚕丝、人造丝交织双绉等。按重量，有重磅、中等、轻磅之分。按织后加工情况，可分为练白、增白、染白、印花等，以印花双绉（图3-94）为多。双绉织物的手感柔软滑爽，富有弹性，轻薄凉爽，色光柔和，抗皱性能好，穿着舒适，用于制作男女衬衫、绣衣、裙子等。但双绉织物缩水率比较大。

④尼丝纺。尼丝纺（又称尼龙纺）属于合纤绸类产品。经纬丝一般采用77dtex的锦纶丝以平纹组织织造。经热处理面料表面细洁、平挺光滑，质地坚牢，具有良好的弹性和耐磨性，色泽鲜艳，易洗快干。除在服装上经常作里料使用外，还可制作包袋、晴雨伞等。品种规格较多，一般分中厚型（重量80g/m^2）和薄型（重量40g/m^2）两类。

⑤乔其纱。乔其纱又称乔其绉，是以强捻的绉经绉纬织制的一种极其轻薄、稀疏、透明起皱的平纹丝织物（图3-95），手感柔爽而富有弹性，外观清淡雅洁，并具有良好的透气性和悬垂性。根据所用的原料，可分为真丝乔其纱、人丝乔其纱、涤丝乔其纱和交织乔其纱等几种。

顺纡乔其纱，是只采用一种捻向，织得的乔其纱（图3-96），顺纡乔其纱呈现经向凹凸褶裥状不规则皱纹。

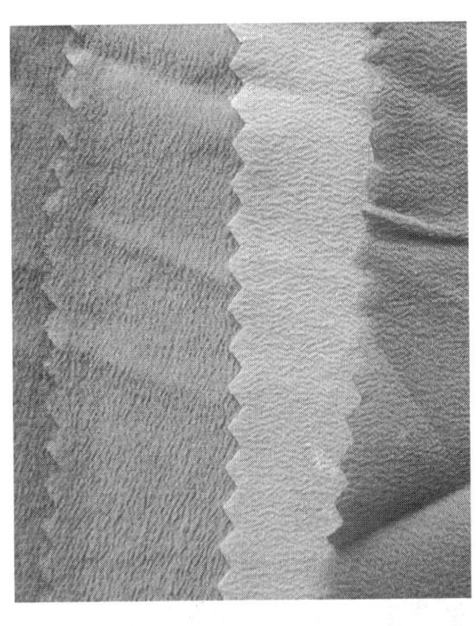

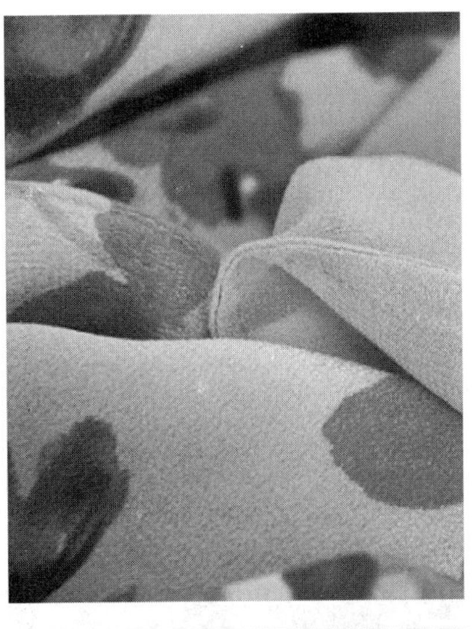

图3-93	图3-94
图3-95	图3-96

图3-93　双绉

图3-94　印花双绉

图3-95　乔其纱

图3-96　顺纡乔其纱

⑥雪纺。雪纺的学名叫乔其纱，又称乔其绉，是以强捻绉经、绉纬织制的丝织物，以平纹组织交织。因经纬丝原料较纤细，织物的经纬密度很小，雪纺面料给人以轻薄、透明、飘逸的质感。雪纺产品可分为真丝雪纺和仿真丝雪纺（图3-97）。雪纺以其轻盈的质地、飘逸的质感、优良的手感成为春夏季女装面料佳品，通过印花、起泡等技术，更体现出其华美优雅的特点。

真丝雪纺采用天然桑蚕丝纤维织成，有光泽柔和、质地柔软、手感滑爽、穿戴恬静、弹性好、凉爽、透气、悬垂性好等特点，但洗多后颜色容易变灰变浅，不宜暴晒（会发黄），打理麻烦（需要手洗），牢固性不好（易绷纱，缝合处易扯破）。

仿真丝雪纺则一般采用涤纶、粘胶等化学纤维长丝织成。采用粘胶人造丝织成的雪纺织品，质地轻薄、平滑柔软、光彩鲜艳，但因为粘胶丝湿强力低下，弹性较差，故易起皱，穿戴时衣服底边易变形。采用涤纶长丝织成的雪纺织品，布面相对于真丝雪纺产品更平挺，身骨更坚牢，耐磨性、弹性更好，不易褪色，不怕暴晒，打理方便，缺点是光泽不太柔和，吸湿、透气性差，穿戴有闷热感，服装缝纫和穿戴时易扒丝。目前市面上销售的雪纺大多为仿真丝雪纺。

⑦电力纺。电力纺俗称纺绸，最早以土丝为原料，用木机手工织造，后改用厂丝为原料，采用电动丝织机织造，故名电力纺。电力纺采用平纹组织，经、纬丝均采用弱捻或无捻桑蚕丝所织成的桑蚕丝生织（白织）纺类丝织物，织后再经练染整理，绸身平整、紧密，光泽柔和，较一般丝织物轻薄透凉（图3-98）。

图3-97　仿真丝雪纺

图3-98　电力纺

⑧素绉缎。采用弱捻或无捻桑蚕丝作经，两根左捻、右捻桑蚕丝作纬交替织造，织物组织为经面缎纹，经整理后一面光泽良好，一面呈明显绉效应的织物（图3-99）。

⑨软缎。软缎是蚕丝作经、粘胶丝作纬的经面缎纹生织绸。因两种纤维的染色性能有差异，匹染后经纬异色。软缎有素、花之分。若经纬均用粘胶丝，则称为人丝软缎。

花缎为织物表面有精致花纹图案的提花织物，色泽纯、典雅，是一种比较简练的提花缎纹织物，还常利用经纬原料的化学与物理性能的不同，使织物呈现色调各异或织物表面具有浮雕等特点，如花软缎（图3-100）、锦乐缎、金雕缎等。素缎则表面素净无花，如有素软缎（软缎）、素北京缎、素库缎等。

⑩绢纺绸。以桑蚕绢丝纯织或以其为主与其他纱线交织的平纹织物。所用的原料是天然丝短纤维的纱线，细看之下其表面有一层细小的绒毛，具有良好的吸湿性、透气性。面料外观平整，质地坚牢，绸身粘柔垂重，主要用于做衬衫或裙料、装饰等。

图3-99　素绉缎

图3-100　花软缎

⑪绵绸。绵绸又称疙瘩绸，是以桑蚕䌷丝为原料的平纹织物，属于天然丝短纤维产品（图3-101）。由于纱线中丝纤维较短，整齐度差，含蛹屑多，纱支粗细不均，所以绵绸的绸面不平整，上面有较多的杂质，手感粗糙，也不如其他丝绸产品那样富有光泽。也有用䌷丝和棉纱交织的绵绸，织物经染色成杂色。绵绸质地坚韧，光泽柔和，富有弹性，悬垂性与透气性良好，手感厚实。多次洗涤后屑点会渐渐脱落，是一种价廉物美的丝织品。

⑫双宫绸。双宫绸是纯桑蚕丝素色绸类丝织物，因纬线采用桑蚕双宫丝而得名。其经向采用 31.1/33.3dtex的桑丝，纬向采用两根111～133dtex 的双宫丝。双宫绸的绸面不平整，经细纬粗，手感较粗糙。双宫丝丝条不规则地分布着疙瘩状竹节，纬向呈雪花一样的疙瘩状是双宫绸的独特风格（图3-102）。根据染整加工情况，可分成生织匹染和熟织两种。

图3-101　绵绸

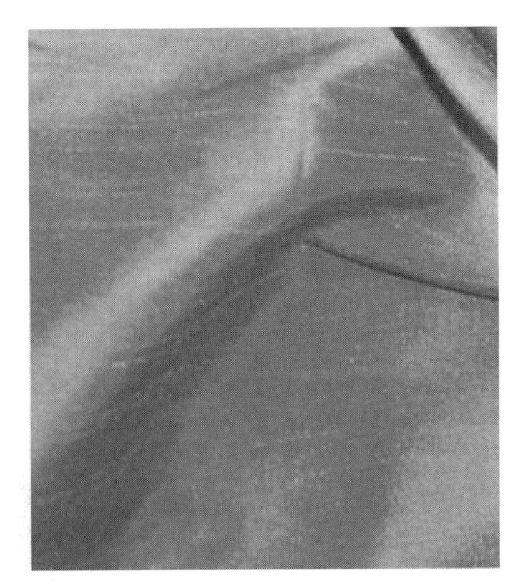

图3-102　双宫绸

⑬富春纺。经丝为再生纤维素长丝、纬丝为再生纤维素短纤纱交织成的平纹织

物。由于纬线较粗，所以它的外观呈现出横向的细条纹。织物中经密大于纬密。织物经染色或印花。这种织物，质地丰厚、绸面光洁，手感柔软滑爽，色泽鲜艳，色光柔软，吸湿性好，穿着舒适。缺点是易皱，湿强度低。但因其价格比真丝便宜很多，所以不失为价廉物美的夏季面料。

⑭冠乐绉。冠乐绉是全真丝平纹组织的双层织物（图3-103）。一层组织的经、纬线使用（收缩大的）强捻丝线，另一层组织的经、纬线使用不加捻的平丝；双经轴织机生产。使用表层和里层换层的接结办法达到起花的目的。因为一层组织的经纬线使用强捻丝线，另一层组织的经纬线使用平丝的原因，织后经过处理，表里层组织产生织缩的差别，达到地纹和花样凹凸不平的效果，致使织物质地蓬松柔软、富有弹性、手感舒适、吸湿性好，是春秋和夏季最理想的服装面料，也是一个长线的畅销产品。

图3-103　冠乐绉

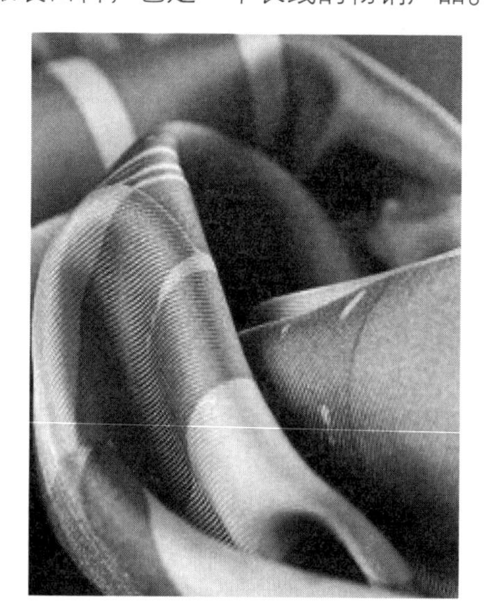

图3-104　真丝斜纹绸

⑮真丝斜纹绸。真丝斜纹绸又称桑丝绫，经纬均采用 22.2/24.4dtex 的生丝，为生织绸，可分为练白、素色及印花三类。绸面有明显的斜纹纹路，质地柔软、轻薄，滑润、凉爽，具有飘逸感，适于做夏季的裙衫及围巾等，也可用于高档真丝服装的里料（图3-104）。

⑯美丽绸。美丽绸又称美丽绫，以纯再生纤维素纤维为原料的平经平纬绫类丝织物。织物纹路细密清晰，手感平挺光滑，色泽鲜艳光亮。美丽绸是一种高级的服装里子绸，但缩水率大。

⑰桃皮绒。是经丝或纬丝用细旦涤纶丝织成，并经磨毛、砂洗等整理，绸面有明显毛茸绒感的织物（图3-105）。

⑱麂皮绒。是经丝或纬丝采用海岛丝等极细旦合成纤维织成，并经磨毛、砂洗等整理，绸面有明显麂皮绒感的织物（图3-106）。

⑲水洗绒。是经丝、纬丝用收缩率不同的细旦涤纶丝织成的，不经磨毛而具有绒感的织物。

⑳织锦缎。是经丝采用桑蚕丝或粘胶长丝、纬丝采用不同色彩的染色粘胶长丝或

金银丝色织的纬三重锦类丝织物（图3-107）。可分为桑蚕丝织锦缎、人丝织锦缎和交织织锦缎三类，织锦缎的纹样以花卉图案为多。

㉑古香缎。经、纬原料与织锦缎完全相同，其组织结构略异于织锦缎，是纬二重锦类丝织物（图3-108）。可分为人丝古香缎和交织古香缎两类。纬丝只有3种颜色，布面没有织锦缎细腻紧密，古香缎的花纹是以亭台楼阁、风景山水为主。

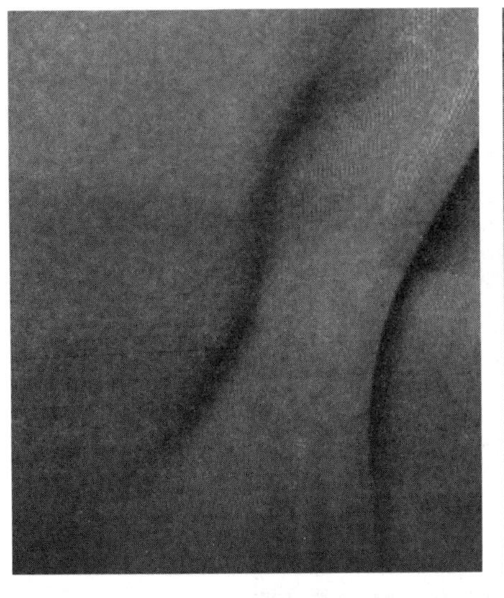

图3-105	图3-106
图3-107	图3-108

图3-105　桃皮绒

图3-106　麂皮绒

图3-107　织锦缎

图3-108　古香缎

㉒丝绒织物。以蚕丝或蚕丝与粘胶长丝交织成上、下两层织物，经割绒和后整理，织物表面具有耸立绒毛的花、素丝织物。按织物后整理方法分，有通过立绒整理使绒毛耸立的立绒，有经割绒整理，布面呈灯芯状绒条的条绒（图3-109）有通过刷绒整理使绒毛顺一个方向倾伏的素绒，有经印花而使织物表面有彩色花纹的印花绒，有通过刷绒整理使绒毛朝不同方向倾斜而形成花纹的拷花绒，有经热轧整理使织物局部绒毛被压倒而呈现花纹的轧花绒（图3-110），有通过烂花加工使部分纤维炭化而形成花纹的烂花绒，以及有通过立绒、轧花、剪绒、再立绒等加工而形成立体花纹的浮雕

绒（图3-111）等。

㉓漳绒。又称天鹅绒，起源于福建漳州而命名，属于彩色缎面起绒的熟织产品。是采用杆起绒织造法织制，表面有绒圈或绒毛的单层经起绒丝织物（图3-112）。所用原料为纯桑丝，或以桑蚕丝、棉纱作地经、地纬，桑蚕丝作绒经。织造中每织入四纬或三纬织入一根起绒杆，有绒杆处绒经绕于绒杆而高出地组织，若织后绒杆全部抽出则有绒杆处便形成绒圈，成为素漳绒；若先按设计的花纹图案进行绘印，然后将花纹部分绒圈割开成绒毛，再抽出绒杆，便形成绒毛、绒圈相互衬托的花漳绒。

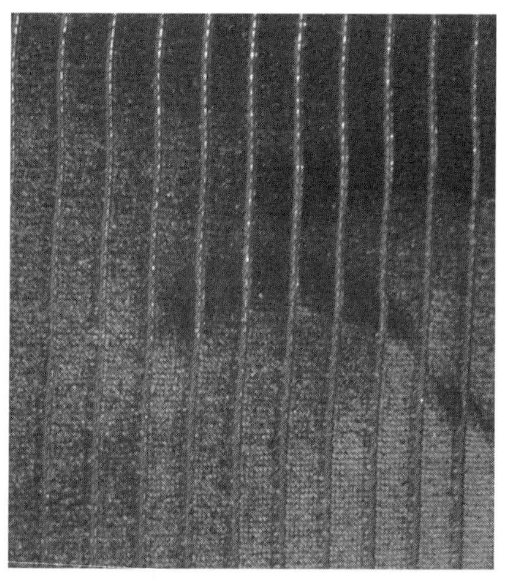

图3-109	图3-110
图3-111	图3-112

图3-109　条绒

图3-110　轧花绒

图3-111　浮雕绒

图3-112　漳绒

㉔乔其绒。以强捻蚕丝作底经、底纬，地组织为一上二下经重平纹，以粘胶长丝作绒经，用双层织造方法生产的经起绒织物。乔其绒绒毛长度2mm左右，绒毛按纬向顺伏。若绒坯在染色前经剪绒，且在染色后进行树脂整理，使绒毛耸立的，称乔其立绒（图3-113）。乔其绒、乔其立绒的绒坯经练染或印花后可加工成染色乔其绒或印花乔其绒。乔其绒织物的绒毛浓密，手感柔软，富有弹性，光泽柔和，色泽鲜艳。

㉕烂花乔其绒。是以乔其绒为绸坯，利用粘纤丝怕酸的特点，以桑蚕丝、锦纶丝

或涤纶丝等作底经、底纬，用粘胶长丝作绒经，经将乔其绒绸坯经特殊印酸处理，使部分粘纤丝遇酸脱落，呈现以乔其纱为底、绒毛为花纹的镂空丝绒组织（图3-114）。烂花乔其绒花纹凸出，立体感强。

㉖羽纱。羽纱属粘纤丝绸类，羽纱是用有光粘胶丝作经、棉纱作纬，以斜纹组织织制的丝织物，又称棉纬绫（图3-115）。纬向用棉股线的称棉线绫，织后经练染。织物纹路清晰，手感柔软，富有光泽。用作服装里子，羽纱缩水率大。

㉗尼丝纺。尼丝纺又称尼龙纺，属于合纤绸类产品。经纬一般采用77dtex的锦纶丝以平纹组织织造。经热处理面料表面细洁、平挺光滑、质地坚牢，具有良好的弹性和耐磨性，色泽鲜艳，易洗快干（图3-116）。除在服装上经常作里料使用外，还可制作包袋、晴雨伞等。品种规格较多，一般分中厚型（80g/m^2）和薄型（40g/m^2）两类。可作滑雪衫、雨衣、雨伞、睡袋、登山服的面料。

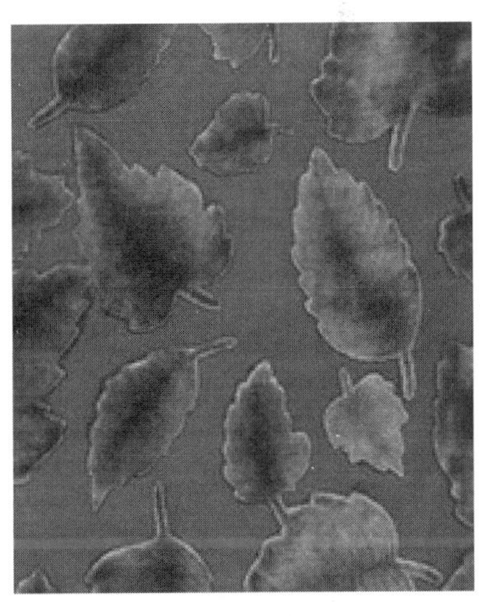

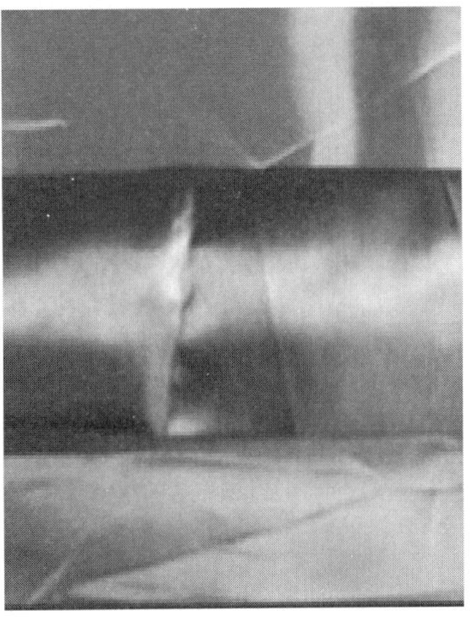

图3-113	图3-114
图3-115	图3-116

图3-113 乔其立绒

图3-114 烂花乔其绒

图3-115 羽纱

图3-116 尼丝纺

㉘华春纺。华春纺是经用涤纶长丝与纬用涤粘混纺纱交织的纺类丝织物，平纹组织织物，经染色后为浅红色。有时利用涤纶与粘胶纤维染色性能的差异及混纺均匀的原理，把织物染成双色，形成别具风格的星星点点的如芝麻般的效果。主要用作夏令男女衬衫、妇女裙子、童装等面料。

㉙扎染绸。扎染绸是用纱线将坯绸的一定部位结扎，然后进行染色，去掉结扎线而得各种花纹的丝织物。

㉚印经绸。印经绸是将经丝与极稀的纬丝交织（称假织）的经面先印以花纹，在织造同时将假织的纬丝割除，而经丝和纬丝交织成绸面具有隐约印花花纹的花或素丝织物。

㉛段染绸。段染绸是用段染方法染成的具有段条状色彩的丝织物。

㉜素织物。素织物是用平纹、斜纹和缎纹的三元组织及其变化组织，织成绸面平整素洁的丝织物。

㉝提花绸。提花绸是利用提花机构织成的绸面呈现明显花纹的丝织物。

㉞柞蚕丝织物。柞蚕丝织物是以柞蚕丝纯织或以其为主与其他纱线交织的织物。柞蚕丝比桑蚕丝的回潮率高，单丝线密度更粗，且其截面三角形比桑蚕丝更尖，因此柞丝绸的吸湿与散湿能力较强，穿着舒适，绸面有闪光效应，且坚韧耐穿。缺点是沾水后有水渍，但多次洗涤后这一现象会减轻。

㉟柞蚕绢丝织物。是以柞蚕绢丝纯织或以其为主与其他纱线交织的织物。

㊱再生纤维素丝织物。是以再生纤维素丝织物为主要原料纯织或交织的丝织物。

㊲合成纤维丝织物。是以合成纤维长丝为主要原料纯织或交织的丝织物。

㊳涤纶丝氨纶弹力丝织物。是以桑蚕丝为主要原料，并含有氨纶纤维的具有弹性的丝织物。

㊴云锦。云锦是江苏省南京地区的传统丝织物，云锦用料考究，由金、银丝和五彩丝交织而成，现代也有用粘胶丝、薄膜金银丝替代，以纯桑蚕丝或桑蚕丝作经丝、有光粘胶长丝色丝和（或）金银丝作纬的色织提花锦类丝织物（图3-117）。面料上呈现出光彩夺目、富丽堂皇的花纹，望之有如天上的五彩云霞，故名“云锦”。云锦又可根据用料的不同分为库缎、库锦和妆花缎三种。代表品种是状花缎。云锦在国际上享有一定的声誉，用它制成的服装能充分体现中华民族服饰文化的特色。

图3-117　云锦

妆花缎是云锦的代表品种，也是中国古代织锦技术最高水平的代表，采用大型传统花楼织机，由两人分上下楼手工织造。采用“挑花结本、通经断纬、挖花盘织、夹金织银”等工艺。封建王朝时代，用来制作龙袍等服装，或用于装饰宫殿、庙堂和祭垫、神袍、帷幕等，又可供宫廷赏颂之需，明清时南京专设江宁织造局织造云锦以供宫廷之需。

㊵蜀锦。蜀锦是指起源于战国时期中国四川省成都市所出产的锦类丝织品，有两千年的

历史。蜀锦是中国最早出现的“锦”类丝织品，堪称中国织锦第一座里程碑，其兴于汉、盛于唐、发展于明清。中国四大名锦中，蜀锦时间最为久远。

蜀锦是桑蚕丝色织提花锦类丝织物，多用染色的熟丝线织成，以经向提花及多重经纬组织结构而闻名。早期以多重彩经起花的经锦为主，常用经向彩条为基础，用几何图案组织和纹饰相结合的方法织成五彩缤纷的花纹图案（图3-118）。现代蜀锦包括经锦和纬锦两大类，常见图案有方形、条形、几何骨架添花，对称纹样，四方连续，色调鲜艳，对比性强，是一种具有汉民族特色和地方风格的多彩织锦（图3-119）。

图3-118　古代蜀锦

图3-119　现代蜀锦

㊶宋锦。宋锦始创于宋代，主产地在苏州，有桑蚕丝纯织，也有经丝用桑蚕丝、纬丝用有光粘胶丝，地纹多为平纹或斜纹组织，提花花纹一般有龟背纹、绣球纹、剑环纹、席地纹等四方连续图案或朱雀、龙、凤等吉祥纹样，花纹图案一般采用在圆形、多边形几何图案中添入传统的吉祥动物、装饰花朵、文字等（图3-120）。采用的经丝一般有两组，均为色丝；纬丝有2～3组，也均为色丝。织物结构精细，古色古香，淳朴雅典，华丽端庄，光泽柔和，绸面平挺，富有民族特色。主要用作名贵字画、高级书籍及囊匣的封面装饰装裱（图3-121）。

图3-120　宋锦

图3-121　宋锦锦盒

㊷壮锦。壮锦是广西壮族自治区的民族传统织锦手工艺品（图3-122、图3-123）。以棉纱作经和桑蚕丝作纬色织的提花交织织物，近代壮锦采用染色桑蚕丝、粘胶长丝和金银皮为原料，用提花机织制。壮锦花纹图案千姿百态，常以梅花、蝴蝶、鲤鱼、水波纹、万字纹等作题材，色泽艳丽。壮锦品种繁多，有花边绸、腰带绸、头巾、围巾、被面、台布、背带、背包、坐垫、床毯、壁挂、屏风等。其幅宽较窄，一般只有0.4m左右，是壮族民族传统织锦工艺品。

图3-122　壮锦（一）

图3-123　壮锦（二）

锦类织物外观五彩缤纷，富丽堂皇，是花纹精致高雅古朴的色织多梭纹提花丝织物。采用纹样多为龙、风、仙鹤和梅、兰、竹、菊以及文字“福、禄、寿、喜”、“吉祥如意”等民族花纹图案。宋锦、云锦、蜀锦、壮锦被称为中国四大名锦。

㊸缂丝（刻丝、克丝）。以生丝作经线，各色熟丝作纬线的锦类丝织物，采用通经回纬的方法织造，即经线纵贯织物，而各色纬线仅在图案需要处用多把小梭子按色彩分别挖织与经线交织而不贯穿全幅，是中国传统工艺美术织品（图3-124、图3-125）。

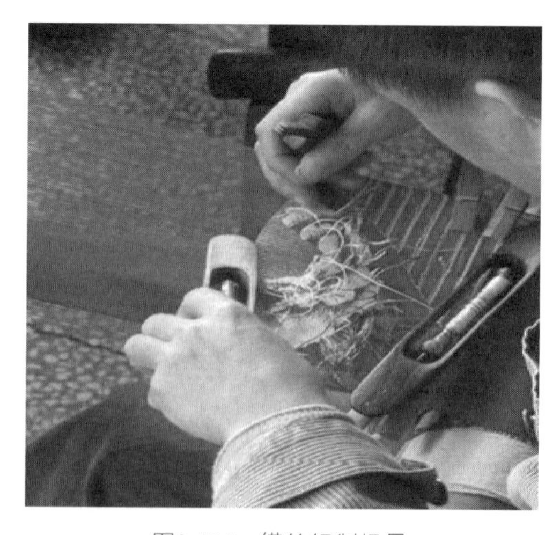

图3-124　缂丝织制场景

图3-125　缂丝华服

㊹莨纱绸。莨纱绸也叫香云纱、拷皮绸、黑胶绸或拷绸，是经薯莨液浸渍处理的桑蚕丝生织的提花绞纱或稠类丝织物，分为莨纱和莨绸两类：一类是用普通织机织成的平纹素绸，经上胶晒制而成的称为黑胶绸，简称莨绸（拷绸，图3-126）；另一类是用大提花机织造，在平纹地上以绞纱组织提出满地暗花的花织物，并有均匀细密小孔眼的丝织物，经上胶晒制而成的称为莨纱（香云纱，图3-127），两者合称莨纱绸。它们都是以桑蚕丝为原料织成坯布后，绸面再经黑色的拷胶处理。莨纱有乌黑油亮的外观，很像皮革，手感凉爽、滑润，挺括不皱且有弹性，穿着爽滑、透凉、舒适，容易散发水分。缺点是洗时不能用力搓刷，否则易脱胶；洗后不能熨烫，否则易折裂；绸面经常摩擦之处易脱胶露底。原产广东省南海区一带，是我国织物树脂整理加工的最早产品。

图3-126　莨绸

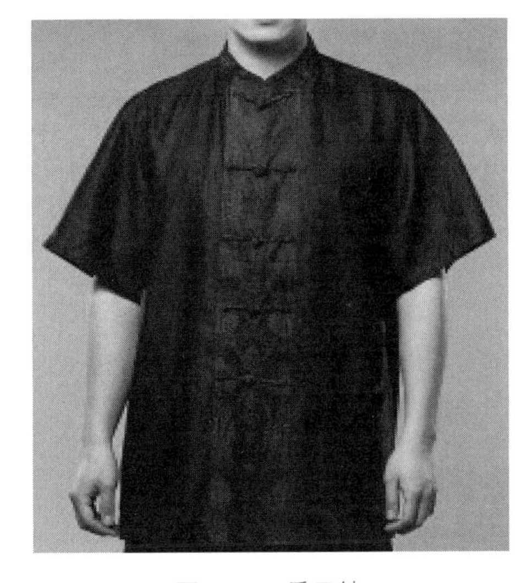

图3-127　香云纱

㊺ 杭罗。是以桑蚕丝为原料，全部或部分采用绞纱组织，纱孔明显地呈纵条、横条状分布的花、素织物（图3-128）。分为横罗、直罗和花罗三类，因产地在杭州故名。杭罗经、纬均采用纯桑蚕丝土丝，以平纹组织和罗组织交替织造而成。杭罗的绸面排列着整齐的纱孔。绸身紧密结实，质地柔软而富有弹性，孔眼清晰，多孔透气。市场上常见的杭罗基本上是横罗。

图3-128　杭罗

㊻爱的丽斯绸（舒库拉绸）。采用我国古老的扎经染色法工艺，按图案的要求，在经纱上扎结进行染色，扎结完成后再分层染色、整经、织绸（图3-129）。绸面图案沿经向上下形成似流苏纹和木梳纹，为新疆维吾尔族妇女的传统特色用绸。

㊼欧根纱。欧根纱也叫欧亘纱、柯根纱，英文名为organza，是一种婚纱面料，质地有透明和半透明平纹结构的轻纱，多用于覆盖在缎布或丝绸上面。面料轻薄飘逸，带有一种凉快丝滑的手感，具有良好的悬垂性，也具有很好的保型性和透气性，贴身穿着舒适柔软（图3-130）。欧根纱有化纤欧根纱和真丝欧根纱，它们本身带有一定硬度，易于造型。真丝欧根纱手感更丝滑不会扎皮肤，用于婚纱、连衣裙、礼服裙的制作。化纤丝欧根纱由涤纶，尼龙或涤纶与尼龙、涤纶与人造丝、尼龙与人造丝交织等。染色后颜色鲜艳，质地轻盈，与真丝产品相类似，欧根纱很硬，会扎皮肤，作为一种化纤里料、面料，不仅仅用于制作婚纱，还可用于制作窗帘、连衣裙、圣诞树饰品、各种饰品袋，也可用来做丝带。通过后加工如压皱、植绒、烫金、涂层等，风格更多，适用范围更广。

图3-129　爱的丽斯绸

图3-130　欧根纱

3.4 针织物的分类

针织面料是纺织面料的重要组成部分。针织面料具有良好的弹性、延伸性、透气性、保暖性、柔软性、抗皱性、悬垂性等不同于机织面料的优越性能。针织面料的特性与当前人们崇尚健康、舒适、休闲、运动的生活观念非常吻合，针织面料的消费需求不断提高。针织面料因为具有品种繁多、生产流程较短、品种转换快、新产品开发周期短、生产成本较低、生产效率高等优点，使得针织面料的生产得到了迅猛的发展，我国已成为针织面料生产和出口大国。

3.4.1 按面料形成的方式分

针织面料按面料形成的方式分为纬编面料与经编面料。

纬编面料的弹性好，延伸性好，柔软、舒适、透气，但当线圈结构受到破坏时，面料较易脱散。

经编面料的弹性、延伸性比纬编面料小，面料结构比较稳定，脱散性比纬编面料小。

3.4.2 按形成面料的针织机针床数分

针织面料按形成面料的针织机针床数不同，分为单针床针织面料和双针床针织面料。

单针床针织面料，又称为单面针织面料，在单针床针织机上编织。面料的一面全都呈现正面线圈（线圈的圈柱覆盖在线圈的圆弧上），另一面全都呈现反面线圈（线圈的圈弧、浮线或延展线压在线圈的圈柱上）。

双针床织制面料，又称为双面针织面料，在双针床针织机上编织。面料的两面都有正面线圈。有一些针织面料的两面全都是正面线圈，加双罗纹面料、双面提花面料等；有一些针织面料的两面各有部分线圈是正面线圈，如罗纹面料、双反面面料等，这些都属于双面针织面料。

3.4.3 按面料的用途分

针织面料按其用途主要分为服装用针织面料、装饰用针织面料和产业用针织布三类。

（1）服装用针织面料　用于服装以及服装辅料的针织面料，包括针织内衣面料和针织外衣面料两大类。

①针织内衣面料。针织内衣是贴身穿着的，是不适合在公共场合显露出来的针织服装。针织内衣的种类很多，主要有背心、汗衫、秋衣、秋裤、紧身内衣、内裤、妇女胸衣、睡衣、睡袍、衬裙、家居服等。针织内衣要求舒适、柔软、弹性好、吸湿透气、保暖，对卫生保健、塑形、美观等功能也有较高要求。

在各种纺织面料中，针织面料的弹性和延伸性好，贴身、舒适，具备内衣面料所需的特性，是制作内衣最理想的材料。根据不同内衣品种的特点，采用适当的针织面料组织结构与原材料的配合，可以满足针织内衣的服用性能及人体生理卫生的要求。

针织内衣而料以纬编面料为主，经编面料多用于妇女胸衣、紧身衣等。

②针织外衣面料。针织外衣是指可在公共场所穿着的，比较正式的针织衣物，如T恤衫、衬衣、时装衣裙、休闲服、外套、大衣、弹力衫、健美服、体操服、泳衣及其他运动衣等。针织外衣面料要求外观质量好，结构紧密，不易起毛起球，同时还应具备各种外衣不同的服用功能要求，对于贴身穿着的外衣，还要求舒适和卫生。

（2）装饰用针织面料　装饰用针织面料主要包括窗帘帷幕，沙发、坐椅、床垫的包覆面料，台布，沙发巾，冰箱、电视机等的罩套，蚊帐、棉毯、毛毯等床上用品，地毯、墙饰、壁挂，工艺品、玩具用面料，以及交通工具的内饰面料，包括汽车、飞

机、船舶等内壁、坐椅的装饰用面料等。

（3）产业用针织布　产业用针织布主要有土建工程用布、建筑安全防护网，工业过滤材料、输送带，农林防护网、遮光网等。

3.4.4　按面料的外观风格来分

适合用于外衣的纬编针织面料主要有平纹布、罗纹布、棉毛布、提花面料、网眼面料、珠地布、丝盖棉面料、纬编牛仔布、卫衣布、毛圈布、纬编天鹅绒面料、长毛绒面料等。适合用于外衣的经编针织面料主要有经编平纹面料、经编绣纹面料、经编缺垫褶裥面料、经编起绒面料、经编花边、经编贾卡提花面料、经编鹿皮绒等。

（1）纬平针面料　即纬平针组织形成的面料，俗称汗布（图3-131）。两面具有不同的外观，正面显露的是与线圈纵行配置成一定角度的圆柱组成的纵向条纹，反面显露的是与线圈横列同向配置的圆弧组成的横向条纹。面料柔软、平滑，质地轻薄，延伸性、弹性和透气性好，能够较好地吸附汗液，穿着凉爽舒适。其缺点是：卷边较明显，影响面料的后序加工。沿编织方向和逆编织方向的布边都较易脱散；构成面料的纱线受到破坏而断裂时，线圈会沿着纵行从纱线断裂处分解脱散，破洞增大，使面料的外观受到破坏，使用寿命缩短。

（2）纬编罗纹面料　纬编罗纹面料由罗纹组织形成，在双面纬编机上生产（图3-132、图3-133）。纬编罗纹面料的弹性及延伸性是所有面料中最好的，在传统针织面料中，是与纬平针面料、棉毛布并列的最常用的针织面料。

面料柔软贴身、厚实、保暖，透气性好，一般用于秋衣、秋裤、紧身衣、练功服、运动衫裤、休闲装等。

罗纹面料的弹性优异，卷边性小，线圈断裂时，只能沿逆编织方向脱散，因此也常用来制作服装领口、袖口、下摆等。

（3）棉毛布　即双罗纹面料，属于纬编双面面料，是由纬编双罗纹组织形成的面料，因面料两面都是正面线圈，都像纬平针的正面，也叫双正面面料（图3-134）。双罗纹面料表面平整光滑，不卷边，厚实、挺括，结构稳定，面料强度高，弹性、延伸性、脱散性比罗纹面料小。

采用两种不同色纱交替编织，可形成间色纵条纹效果棉毛纤维面料；也可用色纱的配置，形成彩色横条纹效果。

棉毛布因其厚实、保暖，常采用来做秋衣、秋裤、睡衣、家居服等；因其表面平整，光滑，结构稳定，也用于做运动衣裤、休闲服、时装等。

（4）纬编提花面料　纬编提花面料分为单面提花面料和双面提花面料两类（图3-135），各类面料的特点见表3-14。

（5）纬编网眼面料　纬编网眼面料主要有单面集圈网眼、罗纹集圈网眼、菠萝网眼、纱罗网眼等不同类则。布面由各种网孔排列而形成花纹，线圈间隙明显（图3-136）。其外形美观，穿着凉爽透气，延伸性比经编面料好，多用于女式的背心、汗衫、内裤等，也可用于童装、妇女夏季时装、男女T恤衫、休闲服等。

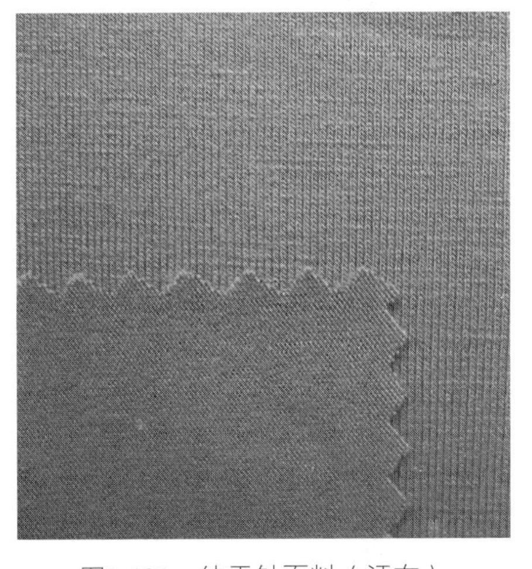

图3-131　纬平针面料（汗布）

图3-132　1+1罗纹面料

图3-133　2+2罗纹面料

图3-134　棉毛布

图3-135　纬编提花面料

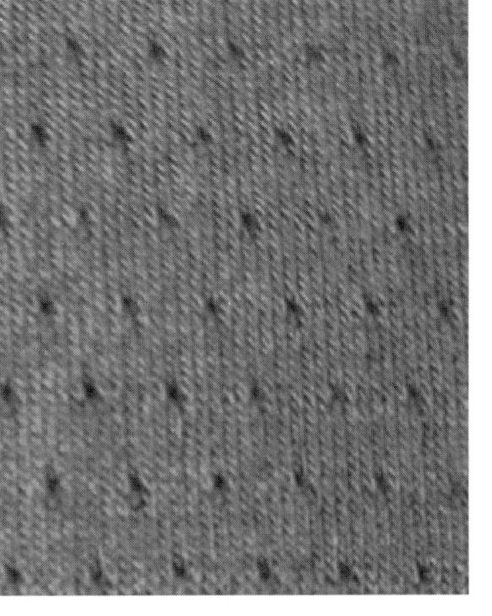

图3-136　纬编网眼面料

表 3-14　纬编提花面料的分类及特点

分类	特点
单面提花面料	是在单面提花圆机上编织的，正面由各种色彩不同或光泽不同的线圈组合成花纹图案；单面提花面料反面有浮线，有时可利用反面凸起的浮线形成立体花纹效果，将面料反面作为花纹效应面。单面提花面料手感柔软，悬垂性好，弹性较好，轻薄、吸湿、透气，可用于男装或女装T恤衫、时装等 纬编单面提花面料的缺点是卷边较明显。因其反面有浮线存在，反面较易勾丝、起毛
双面提花面料	是在双面提花圆机上编织的，面料正反面都呈现正面线圈，因而不易勾丝。双面提花面料大多采用色纱或色丝编织，双面提花面料表面平整光滑，在纱线与面料密度都相同的情况下，比单面提花面料要厚实、保暖，延伸性较小，尺寸稳定性好，挺括，不易起皱，适合做外衣面料，如T恤衫、外套、大衣、女装衣裙及时装，也可用于童装

（6）单面珠地面料　单面珠地面料是由集圈组织形成的一类面料，常见的品种主要有单珠地面料（图3-137）和双珠地面料（图3-138）。

单珠地是出平针线圈与单针单列或单针多列集圈相交错组合而成的单面面料。在面料正面有交锗米粒状的凹凸效果；在面料反面，由于平针线圈与集圈悬弧的交错配置，形成凹陷的网孔。

双珠地是由平针线圈与单针双列集圈在相邻纵行交错配置而成的面料。面料正面效果与纬平针正面近似，面料反面形成凹陷的蜂巢网孔，凹陷网孔的效果比单珠地显著（图3-139）。

单面珠地面料的坯布幅宽比相同机器条件下编织的纬平针面料要宽得多，面料结构稳定、不卷边、比较厚实、挺括、滑爽、透气、不粘身，非常适合做T恤衫、运动衣、休闲服等。常用的纱线有棉、麻、粘胶、涤纶等纯纺短纤维纱或混纺纱以及涤纶长丝、锦纶长丝等，可与氨纶交织，制成弹力珠地面料。采用排湿导汗纱线编织的珠地面料，是时尚的运动衫、T恤衫面料。

（7）纬编丝盖棉纤维面料　纬编丝盖棉纤维面料分为单面丝盖棉与双面丝盖棉两大类。其共同特点是面料正面（或外观面）显露丝，面料反面（或贴身的里面）显露棉。采用有光涤纶长丝做面纱、棉纱做地纱时，有光涤纶长丝只显露在面料的正面，而棉纱只显露在面料的反面。这样面料的外观有较明亮的光泽，比较挺括、厚实，强度高，面料的反面具有很好的吸湿性。

（8）纬编牛仔布　其是利用纬编平针衬垫组织或平针与提花、集圈的复合组织，采用色纱或不同染色性能的纱线，形成的类似机织牛仔布风格的面料（图3-140）。

由于线圈结构及纱线的弹性，纬编牛仔布的回弹力非常好，强度高，且比机织牛仔布柔软、轻薄、透气，可用于外衣、裤子、沙滩装、泳衣及儿童服装等。

（9）纬编衬垫起绒面料　纬编衬垫起绒面料是由纬编衬垫组织形成的面料，分为单纬编衬垫起绒面料（图3-141）和双纬编衬垫起绒面料两种，各类面料特点见表3-15。

（10）纬编毛圈布　采用纬编毛圈组织形成的面料，毛圈线圈紧密地竖立在面料表面，类似机织毛巾布，其弹性、延伸性比机织毛巾布好。毛圈纱常用棉纱、导湿纱线等，地纱可采用棉纱或强力较高的涤纶、涤/棉纱等原料编织，面料柔软，手感丰满，吸湿保暖，常用于做浴衣、浴袍、睡衣等。

毛圈布按其表面的花色效应不同可分为平纹毛圈布（图3-142）和提花毛圈布。

图3-137　单珠地（四角网孔）面料

图3-138　双珠地（六角网孔）面料

图3-139　双珠地正反面

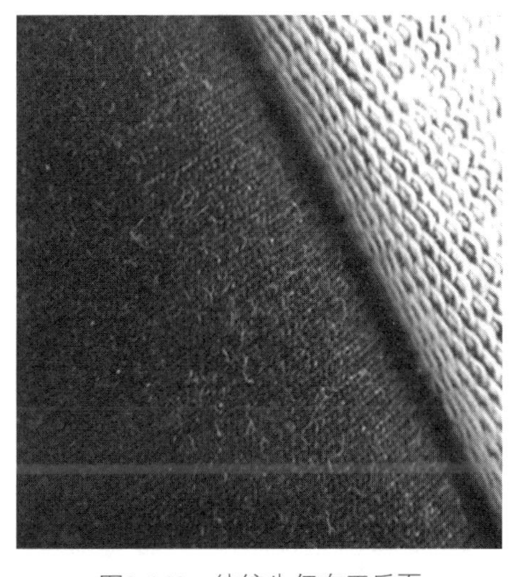

图3-140　纬编牛仔布正反面

图3-141　单纬编衬垫起绒面料正反面

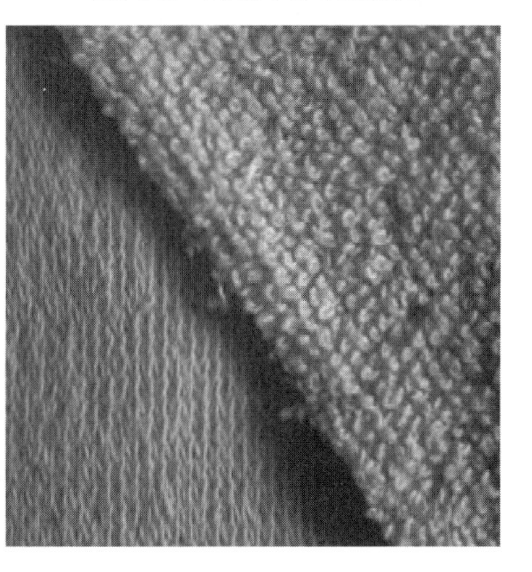

图3-142　平纹毛圈布

表 3-15　纬编衬垫起绒面料的分类及特点

分类	特点
单纬编衬垫起绒面料	单纬编衬垫起绒面料即平针衬垫面料，或称二线衬垫，常见的面料品种因衬垫纱浮线在面料反面有规律地排列，类似鱼鳞，又称鱼鳞布。面料厚实，柔软透气，延伸性较小，多用于休闲服、运动服等。用棉纱或细特纤维纱线作衬垫纱，反面经起绒处理形成的薄绒面料，手感丰满、柔软，可用来制作保暖内衣，这类面料常与氨纶交织，以加强面料的弹性，并使面料更紧密，更保暖
双纬编衬垫起绒面料	双纬编衬垫起绒面料，是由添纱衬垫组织形成的面料。一般采用较粗的纱线做衬垫纱，衬垫纱在面料正、反面的效应与单卫衣相似，但比单卫衣更厚实，而且衬垫纱夹在面纱与地纱中间，在正面不易露底。通常在面料染色后，再对反面的衬垫纱进行拉毛起绒后整理，形成绒布，绒面呈均匀丰满的絮状，面料更加厚实保暖，手感柔软，挺括，尺寸稳定，大量用于绒衫绒裤类服装，主要品种有卫生衫裤、运动衣裤、外套、风衣、休闲服等。原料以棉纱、涤纶短纤维纱及棉 / 涤纱为主

（11）针织天鹅绒　对毛圈面料表面的毛圈进行剪绒或割绒处理，即为针织天鹅绒面料（图3-143）。常用棉纱、腈纶纱、粘胶丝、醋酯丝、丙纶丝、涤纶、锦纶等不同原料交织，面料绒头紧密、整齐，绒毛非常柔滑、丰满，因绒纱原料的不同，可使绒面产生柔和或明亮的光泽，用作服装面料，穿着舒适、美观大方，适合做浴衣、浴袍、睡衣、婴幼儿服装、时尚外衣、裙装等，也常用作沙发罩、窗帘、桌布及其他装饰用布。

（12）经编网眼面料　经编网眼面料可以天然纤维或化学纤维为原料，面料表面产生三角形、方形、圆形、菱形、六角形、柱条形网眼，网眼的大小、分布密度、分布状态可根据需要而定，通过网眼的分布，可形成直条、横条、方格、菱形、链节、波纹等花纹效应。

服装用网眼面料质地轻薄，透气性好，手感滑爽、柔挺，有一定的延伸性，主要用于制作女式内衣、内裤、紧身内衣、胸衣、睡裙、衣裙的衬里等。加入弹性纱线，如氨纶裸丝或氨纶包芯纱，使经编网眼面料具有很好的弹性和延伸性。

（13）经编花边　经编花边是在经编多梳栉拉舍尔花边机或贾卡经编机上生产出来的，是在网眼地布上形成，有镂空花纹效果的一种面料（图3-144）。经编花边面料轻薄透气，花型精美，花纹富有层次感，装饰性很强，深得女士们喜爱，常用于妇女内衣、衣裙的饰边以及胸衣、内裤、衬裙、睡裙等。

（14）经编贾卡提花面料　在带有贾卡装置的拉舍尔经编机上编织的面料（图3-145）。其大多是网眼风格，也可以是紧密结构，面料花纹清晰，图案精美，花型层次分明，有立体感，质地稳定，布面挺括，悬垂性好。根据面料用途，可加入弹性纱线（如氨纶），主要用作装饰性服装面料及辅料，如妇女内衣、紧身衣、泳衣、沙滩装、运动衣、外衣、围巾、披肩、花边等；也可用于室内装饰，如具有立体效应的网眼窗帘、台布、沙发巾等。

（15）经编毛圈面料　经编毛圈面料是由毛圈组织形成的单面或双面毛圈面料。常采用强度较高的化学纤维长丝（如涤纶、锦纶等）编织。面料的手感丰满，面料坚牢厚实，弹性、吸湿性、保暖性良好，毛圈结构稳定，具有良好的服用性能，主要用作运动服、休闲服装、睡衣裤、童装等面料，也可用于玩具、家用装饰品。

面料下机后剪去毛圈顶部形成绒布，布面绒毛均匀，绒头高而浓密；若毛圈纱用涤纶有光牵伸丝会有丝绒效果；毛圈纱用涤纶低弹丝、醋酯丝等，会有绒布效果，可用做服装或家具装饰面料，也是车、船内饰及坐垫的理想面料。

（16）经编起绒面料　经编起绒面料是通过起绒整理，将经编面料反面的长延展线拉断形成绒毛状态，绒面为断纱结构，面料正面线圈直立。经编起绒面料结构稳定，脱敏性小，有一定的弹性、悬垂性、贴身性，还有良好的保暖性、防风性及丰满舒适的外观。采用化学纤维长丝起绒，面料色泽鲜艳，耐磨经穿，洗涤方便，可用于缝制女式时装、男女大衣、风衣、上衣、西裤等，也可用于玩具、家庭装饰用品等。

（17）经编麂皮绒　经编麂皮绒是将超细纤维长丝以经编的加工方式所制得的仿麂皮面料（图3-146），经过后整理，手感柔软，具有“书写效应”，既可以直接作为服装面料，用于制作外衣、鞋子、包等，也可以与其他面料进行复合，作为服装面料或作其他用途。目前采用的原料最多的是涤纶海岛型超细纤维。超细纤维不仅保持了普通化学纤维的优良特性，而且手感柔软，悬垂性好，仿丝效果佳，适合磨毛加工，舒适性好。采用超细纤维生产的麂皮绒仿真效果最佳。

图3-143　针织天鹅绒

图3-144　经编花边

图3-145　经编贾卡提花面料

图3-146　经编麂皮绒

第4章　服装辅料

- 里料
- 衬料
- 服装填料

服装辅料指制作服装所用主料以外的其他一切材料，它对服装的整体效果起着重要的作用。设计师在设计服装时必须考虑服装整体，对于服装辅料的使用一定要熟悉，并且要了解各种辅料的性能和使用后的效果，这也是对服装设计师专业素质的要求。

服装辅料形形色色，目前大致可以分为七大类：①里料；②衬料；③填料；④线带类材料；⑤紧扣类材料；⑥装饰材料；⑦其他。本章着重前三类。

4.1 里料

里料是指服装夹里，用来覆盖服装缝头和其他辅料的材料。通常用于中、高档的呢绒服装，或有填充料的服装，或需要加强支撑面料的服装。

4.1.1 里料的主要作用

①使服装穿着舒适，穿脱方便。

②对呢绒类面料具有保护作用，防止面料（反面）与内衣之间因摩擦而起毛。

③增加服装的厚度，起到保暖的作用。

④可保护服装挺括的自然状态，获得良好的保型性。

⑤提升服装档次和附加值。

⑥对于絮料服装来说，作为絮料的夹里，可以防止絮料外露；作为皮衣的夹里，它能够使毛皮不被玷污，保持毛皮的整洁。

外衣型服装通常使用里料，而内衣型服装一般不用里料。一般而言，服装的面料、档次，品牌的不同，选用的里料也不相同。

4.1.2 里料的分类

①按织物组织分类有平纹里料、斜纹里料、缎纹里料、提花里料（表4-1）。

表 4-1 里料按织物组织的分类及特点

分类	特点
平纹里料	由于经纬纱交叉的次数多，纱线不能互相挤紧，因而织物的透气性也较好。其缺点是手感比其他组织硬，花纹也较单调
斜纹里料	由于斜纹组织的组织点比平纹少，所以单位面积内所能应用经纬纱的根数比较多，组成的织物细密有光泽，柔软而有弹性。在经纬纱线密度和经纬密度相同的情况下，斜纹的断裂强度比平纹织物差
缎纹里料	缎纹组织循环比斜纹大，因而织物表面光滑，手感柔软，富有弹性。但由于经纬浮线较长，组织点少，容易磨损。所以，缎纹组织主要用于丝织物
提花里料	组织循环的经纱数可多达数千根，大多是由一种组织为地部，另一种组织显出花纹图案。也有用不同的表里组织、不同颜色或原料的经纱和纬纱，使之在织物上显出彩色的大花纹，构成各种几何图形、风景、花卉等

②按纤维原料分类，可分为天然纤维（棉、真丝、柞丝）里料，再生纤维（粘胶丝或粘纤及其混合、交织产品）里料，合成纤维（尼龙、涤纶等）里料等（表4-2）。

表 4-2 里料按纤维原料的分类

分类	特点
天然纤维里料	天然纤维里料常用的有真丝电力纺、真丝斜纹绸、全棉府绸、全棉绒布等。这类里料大都具有光泽柔和、吸湿性强、耐高温、穿着舒适等优点 纯棉里料有机织也有针织，有的还经拉绒整理，花色较多，价格较低，而且不易脱散，在休闲类服装、童装和婴儿服装中常用。紧密的棉府绸还可用做滑雪衣或羽绒服的里子。纯棉里料的缺点是不够光滑，穿脱尚不够方便 真丝里料属于高档品，柔软、光滑、艳丽，不易产生静电，常用于裘皮服装、皮革服装、纯毛服装、真丝服装等。一般中、高档大衣、西装、套装选用真丝里料，可提高服装的档次
再生纤维里料	再生纤维里料常用的有纯粘胶丝的美丽绸、粘胶丝与棉纤维交织的羽纱、棉纬绫、棉线绫、富春纺等。美丽绸、羽纱、棉纬绫等都是斜纹组织，织物较厚实，是传统的西装、大衣、夹克等最常用的里料。它们的最大特点是正面光滑柔软，吸湿性、透气性好，穿着舒适。与美丽绸相比，羽纱较结实耐用，但不如美丽绸光滑和表面具有美丽耀眼的光泽。再生纤维里料的缺点是缩水率较大，而且湿强度较低，选择时应注意不宜用于经常洗涤的服装中
合成纤维里料	合成纤维里料常用的有尼丝纺、尼龙绸、涤丝绸等。它们是用锦纶或涤纶长丝织成的轻薄的里料品种，是当今国内外服装中应用最普遍的服装里料之一，常用规格有170T、190T、210T、230T。这类里料一般以素色为主，也有印花和小提花的品种，它们最大的优点是强度高，耐磨，不缩水，稳定性好，光滑，易于穿脱。一般的服装都可以采用这类里料，既轻软又滑爽。紧密的尼龙纺还可用作羽绒服的面料和里料。合成纤维里料最大的缺点是易产生静电，吸湿性和透气性较差，长丝织物滑爽，但也较易脱散

③按后整理分类，有染色里料、印花里料、压花里料、防水涂层里料、防静电里料等。

4.1.3 里料的选配原则

里料的性能应与面料的性能相适应，不同的里料有不同的性能特点，不同的服装对里料的性能要求是不同的，男装和女装不同，普通服装和运动服装不同，冬季服装和夏季服装也不同，冬季服装要求保温性强，触摸时有暖感；夏季服装则要求透气、吸湿、耐汗渍性良好。而里料洗涤后的伸缩、掉色、变色等直接影响服装质量的因素，对洗涤次数多的服装是不可忽视的，因此，选择里料必须把服装的要求与里料的性能结合起来仔细考虑。服装里料要具有良好的物理性能，要符合服装的穿用性。一般选购里料时，要根据里料的悬垂性、服用性能、颜色、摩擦性能和缝线是否容易脱线等项进行选择。

（1）悬垂性　里料应轻于和柔软于面料，假如里料过于硬挺，与面料不贴切，服装的造型和触感就会受到影响。织物线密度小，布身柔软，经纬密度相对较小的织物悬垂性相对较好，尼龙和粘胶纤维织物手感较软，悬垂性较好。

（2）抗静电性　织物静电给人们着装带来的困扰引起了人们极大的重视，现代服装对里料的抗静电性能要求较严格。静电会使服装产生变形，特别是在低湿度的条件下显得越发明显，高档服装里料要进行防静电处理。一般来讲，天然纤维织物抗静电性能好，而吸湿性差的合成纤维织物抗静电性能差。

（3）服用性能　其缩水率、耐热性能、耐洗性能、强力、厚薄应与面料相匹配，保暖性、透气性要好。具有一定的吸湿性能，便于吸汗、排汗。里料的重量及厚度要小于面料（绒及皮毛除外），里料要轻薄，不使面料有轻飘感。

（4）洗涤收缩　合成纤维尺寸稳定性好，缩水率小，涤纶、尼龙里料的缩水率约小于1%，再生纤维素纤维的缩水率约为2%～4%。选用里料时，要注意面料与里料的缩水率相一致，对于缩水大的要预先缩水，对于不易下水的面料（如毛呢料），里料选择要相当，在裁剪工艺上，缩水大的里料，要留出余头，使里料松一些，这样可避免出现里料外翘的现象。需要经常水洗的服装，差异较大不宜搭配组合。

（5）颜色　其颜色应与面料的颜色谐调，应与面料颜色相近，并且不得深于面料，以防面料沾色，并要注意里料本身的色差；里料的色泽牢度要好，避免由于出汗或淋湿衣服而使里料落色而污染衣面或衬衣。

（6）耐摩擦性　服装穿着时有些部位里料会受到各种不同的摩擦，如平摩和屈摩等，因此里料需要有较好的耐摩擦性。织物原料不同，摩擦性能有很大的差异，合成纤维摩擦性能特别好，尤其是尼龙和涤纶里料。

（7）摩擦系数　穿衣脱衣时，要求服装具备滑爽性。里料要光滑，并具有一定的柔软性，使其成衣易于穿脱。

（8）缝线不易脱线　应不易使缝线脱线，以免造成损失。涤纶里料和醋酯纤维里料不易脱线，而尼龙和粘胶纤维里料则容易脱线。脱线除了与纤维原料有关，还与织物的组织和密度有关。

4.2 衬料

衬料是服装的骨骼，对服装起造型、保型、支撑、平挺和加固的作用。它不仅使服装外观平服、挺括、饱满、美观，而且可以掩饰人体的缺陷，增强服装的牢度。服装衬料包括衬布类和衬垫类两大类，是现代服装不可缺少的辅助材料。

4.2.1 衬布

衬布是以机织物、针织物和非织造布等为基布，采用（或不采用）热塑性高分子化合物，经专门机械进行特殊整理加工，与面料粘合（或缝覆），用于服装衣领、袖口、袋口、裙裤腰、衣边及西装胸部等内在专用辅料。服装衬布是服装辅料的一大种类，通过衬布的造型、补强、保型等作用，服装才能形成形形色色的优美款式。

（1）衬布在服装上的作用

①赋予服装优美的曲线和形态。

②改善面料可缝性，缓解缝纫难度，简化服装工艺，提高缝制效率。

③增强服装的挺括性、弹性和立体感。

④改善服装的悬垂性和面料的手感，增强服装的舒适性。

⑤增强服装的厚实感、丰满感和保暖性。

⑥可以防止服装变形，使服装洗涤后仍能保持原有的造型。

⑦对服装某些局部部位具有加固补强的作用。

（2）衬布的分类方法　见表4-3。

表 4-3　衬布的分类方法

分类方法	种类
按衬布的材料分类	动物毛衬类、麻衬类、棉衬类、化学衬类等
按衬布底布（基布）的加工方法分类	机织衬布、针织衬布和非织造衬布等
按用途分类	肩衬、胸衬、领衬、腰衬、袖山垫角、门襟衬、袋口衬和其他衬布
按与面料复合方式分类	黏合衬布、缝合衬布等
按衬布的厚薄与重量分类	重型衬布（160g/m²以上）、中型衬布（80～160g/m²）、薄型衬布（80g/m²以下）等；若非织造黏合衬布若按其重量分，有薄型（15～30g/m²）、中型（30～50g/m²）、厚型（50～80g/m²）三类
按黏合衬的用途分类	衬衫衬、外衣衬、丝绸衬和裘皮衬
按织造品种分类	分为化学黏合法非织造黏合衬、热轧黏合法非织造黏合衬、热轧加经编链非织造黏合衬
按涂层工艺分类	分为热熔转移法黏合衬、撒粉法黏合衬、粉点法黏合衬、浆点法黏合衬、双点法黏合衬、网膜复合法黏合衬等
按热熔胶的种类分类	分为高密度聚乙烯黏合衬、低密度聚乙烯黏合衬、聚酯类黏合衬、乙烯-乙酸乙烯酯黏合衬、乙烯-乙酸乙烯酯皂化物黏合衬等

此外还有水溶性非织造衬布，它是指由水溶性纤维和黏合剂制成的特种非织造布，它在一定温度的热水中迅速溶解而消失。它主要用作绣花服装和水溶花边的底衬，故又名绣花衬。

在现代服装生产过程中，使用量较大的是黏合衬、树脂衬、毛衬、棉麻衬，现从四大类进行解释，见表4-4。

表 4-4　四大类衬布的分类及特点

分类		特点
棉麻衬	棉衬	棉衬为平纹布，有软衬和硬衬、本白衬和漂白衬、粗布衬和细布衬之分。粗布衬，其外表比较粗糙，有棉花杂质存在，布身较厚实，质量较差，一般用做大身衬、肩盖衬、胸衬等。细布衬，其外表较为细洁、紧密。细布衬又分本白衬和漂白衬两种。本白衬一般用做领衬、袖口衬等。漂白衬则用做驳头衬和下脚衬。若需硬挺还可上浆，棉衬适用于各类传统加工方法的服装
	麻衬	麻衬主要有麻布衬和平布上胶衬两种。麻布衬属于麻纤维平纹组织织物，麻纤维刚度大，所以麻衬有较好的硬挺度与弹性，是高档服装用衬，可用做各类毛料服装及大衣的各种衬。平布上胶衬是棉与麻混纺的平纹织物，并且经过上胶而制成。它挺括滑爽，弹性和柔韧性较好，柔软度适中，但缩水率较大，要预缩水后再使用。平布上胶衬主要用于制作中厚型服装，如中山装、西装等

续表

分类		特点
毛衬（图4-1、图4-2）	黑炭衬	黑炭衬布又叫毛鬃衬或毛衬。黑炭衬布是用动物性纤维（牦牛毛、山羊毛、人发、马毛、骆驼毛等）或毛混纺纱为纬纱、棉或混纺纱为经纱交织成平纹布，再经树脂整理加工而成。一般用棉经毛纬加工成基布，也有毛经毛纬织制的高档黑炭衬布。因布面中夹有黑色毛纤维，故称黑炭衬。黑炭衬的特点是硬挺、纬向弹性好，不缩水（缩水率低于1%），常用于大衣、西服、外衣的胸、肩、袖等部位
	马尾衬	马尾衬布分为普通马尾衬和包芯马尾衬 普通马尾衬是以羊毛（或棉纱）为经、马尾为纬交织而成的平纹织物，再经定型和树脂加工而成。特点是布面疏松，弹力很强，不易褶皱，挺括度好，在高温潮湿条件下易于造型，是高档服装用衬。早期的马尾衬布是将马尾鬃做纬纱用手一根根织入，其幅宽大致与马尾的长度相同，且不经过定型和树脂整理加工。后来开发了马尾包芯纱，将马尾鬃用棉纱包覆并一根根连接起来，用马尾包芯纱作纬纱制作的包芯马尾衬，可用现代织机织造，幅宽不再受限制，而且可以进行特种后整理，从而提高了其使用价值。其用途主要是用做毛料上衣、大衣等高档服装的挺胸衬，效果极佳
	其他	一般把黑炭衬和马尾衬统称为毛衬。近年来还生产了组合定型毛衬，简称为组合衬或称为胸垫。它是以黑炭衬和马尾衬为主并辅以胸绒、嵌条衬和棉布衬等缝制组合成的组合定型毛衬
树脂衬（图4-3）		树脂衬布是以棉、化纤及混纺的机织物或针织物为底布，经过漂白或染色等其他整理、并经过树脂整理加工制成一种传统衬布。是继织物衬布、浆料衬布之后的第三代衬布，具有优良的防缩性和弹性，缩水率低、软硬适度、抗皱免烫等特点 按树脂衬布加工特点分类，可分为本白树脂衬布、半漂树脂衬布、漂白树脂衬布、杂色树脂衬布。按底布纤维规格分类，可分为纯棉树脂衬布、混纺树脂衬布、纯化纤树脂衬布。其中，纯棉树脂衬布具有缩水率小、尺寸稳定性好等特点，产品以中软手感为主。薄型手感软的树脂衬布主要用于生产薄型、柔软的毛、丝、混纺及针织料的衣领、上衣前身以及大衣（全夹里）等。中厚手感较硬的纯棉树脂衬布主要用于生产厚料大衣和学生服的前身、衣领等，也可用于生产裤腰、裤带等。涤棉混纺树脂衬布的特点是弹性较好，手感可在较大范围内变化，因此被广泛应用于生产各类服装。薄型手感中、软涤棉混纺树脂衬布，主要用于生产女装、童装中的夏季服装以及大衣、风衣的前身、驳头等部位。中、厚型手感硬的涤棉混纺树脂衬布，主要用于西服、雨衣、风衣、大衣的前身、衣领、口袋、袖口以及夹克衫、工作服、帽檐等。手感特硬的涤棉混纺树脂衬布主要用于生产各种腰衬、嵌条衬等。纯涤纶树脂衬布除具有一般树脂衬布特性以外，还具有极优的弹性和爽滑的手感，广泛用于高档T恤衫、西服、风衣、大衣等，是一种档次较高的树脂衬布
黏合衬（图4-4）		黏合衬也叫热熔衬，它是通过涂层技术装备，将热熔胶涂敷在梭织、针织或非织造物的基布（底布）上，能与服装面料黏合的专门服装辅料。使用时，将其裁剪成需要的形状，然后将其涂有热熔胶的一面与服装面料保持紧密的贴合关系 黏合衬具有质轻、挺括、柔软和使用方便的特点。黏合衬种类很多，根据底布的不同，黏合衬分为有纺衬与无纺衬。有纺衬底布是梭织或针织布，无纺衬底布是非织造布。梭织黏合衬其经纬密度接近，各方向受力稳定性和抗皱性能较好。因机织底布价格较针织底布和非织造底布高，故多用于中、高档服装。针织黏合衬的底布大多采用涤纶或锦纶长丝经编针织物和衬纬经编针织物，使其既保持了针织物的弹性，又具有较好的尺寸稳定性，广泛用于各类针织服装和面料弹性较大的服装中。非织造黏合衬由于生产简便，价格低廉，品种多样，因而发展很快，现已成为最普及的服装衬料。按所用黏合剂的不同分为平光黏合衬和粒子黏合衬。平光黏合衬一般用于较平滑、弹性一般的织物上，特别适合用于合纤织物。粒子黏合衬一般用于呢绒织物或易起毛的织物上 黏合衬的品质，直接关系到服装成衣质量的优劣。因此，选购黏合衬时，不但对外观有要求，还要考察衬布参数性能是否与成衣品质要求相吻合。如衬布的热缩率要尽量与面料热缩率一致；要有良好的可缝性和裁剪性；要能在较低温度下与面料牢固的黏合；要避免高温压烫后面料正面渗胶；附着牢固持久，抗老化抗洗涤

图4-1　毛衬（一）

图4-2　毛衬（二）

图4-3　树脂衬

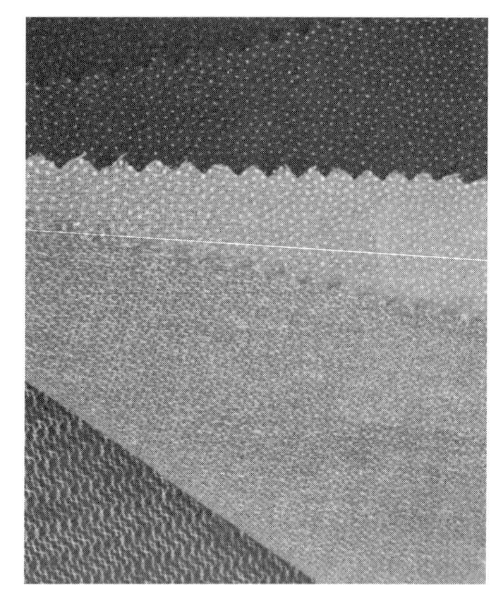

图4-4　黏合衬

黏合衬通过一定的温度和压力使熔化的黏合胶粒将衬布与面料反面牢牢贴合于一体，它最大限度地简化了现代服装的加工工艺。黏合衬发展到今天，其数量和品种的扩张速度惊人，已成为现代衬布和服装辅料中的主体，几乎成了衬布的代名词。在服装加工中，通常人们所说的"衬布"，主要指黏合衬。

（3）不同面料与黏合衬搭配时应注意的问题

①注意面料的纤维成分。不同成分的面料有不同的性能特点，与黏合衬配伍时需区别对待。天然纤维织物一般具有较高的含水率，面料的含水率对黏合衬的黏合效果影响很大，含水量过大，在黏合过程中要大量吸热，并产生气泡，给黏合带来困难。因此，在黏合前，要控制面料的含水率。羊毛纤维织物吸水后尺寸会增大，导致服装

尺寸的不稳定。因此，在压烫前需先干燥，同时搭配与面料性能相似的衬料。丝绸织物在加热和压力作用下，容易产生表面结构和风格的破坏，特别是缎类织物，所以在搭配时应选择熔点低、胶粒细微的黏合衬。棉织物具有较高的耐热性，在黏合过程中比较稳定，但要注意棉织物的缩率，在配伍黏合衬时，须保持两者之间的缩水率一致或接近。麻织物除了要注意缩水率之外，还要注意选择黏合力较强的胶种，麻织物通常不太容易黏合。再生纤维织物对温度和压力较为敏感，配伍时应选择熔点较低的黏合衬布，以免破坏织物的外观和手感。涤纶和锦纶等合成纤维织物，具有不吸水的特点，但具有热定型性，压烫的褶皱不易消除。因此，压烫温度应在定型温度之下，一般用黏合性较好的聚酯衬或聚酰胺衬。

②注意面料的质地。面料的厚薄、稀密、手感的软硬、弹性、织物的立体花纹等，对选择黏合衬都有不同的要求。稀薄和半透明的面料，最容易产生渗胶现象或胶粒的反光——“云纹”，造成色光的差异。因此，要注意选择纤维细的底布和细微的胶粒，如是深色面料，应选择有色胶种。弹性面料应选择相同弹性的衬料，并注意经纬向弹性的不同，并根据服装的不同部位，控制弹性，防止衣服变形。表曲光滑的面料，如绸缎和府绸等，容易发生渗胶面使面料表面粗糙，因此，应选择细微胶粒的黏合衬。表面有立体花纹的面料，如泡泡纱等，在高压黏合时，很容易破坏面料的表面特征，因此，应选用低压的黏合衬布。

③注意面料的后整理工艺。面料经过不同的后整理，其黏合性能会有不同的改变。如经过防水、防油及有机酸处理过的面料等，都会产生难以黏合或黏合牢度低的问题。在配置风雨衣面料和丝绒面料的衬布时，更要试验不同的黏合条件和较好的黏合效果（剥高强度和耐洗涤性能等），找出最佳的黏合加工工艺相条件，以保证服装的质量。

黏合衬是一种新型的服装衬料，有许多优点和特殊的性能，是当今服装衬料发展的方向。但是，如果使用不当也会产生较多的质量问题，因此，在黏合加工前对不同的面料，不同的衬料，不同的加工机械、加工工艺和方式以及要求的黏合效果，做必要的黏合试验是非常重要的。

（4）衬布的产品标记代号　衬布的标记代号共有三部分组成：第一部分为英文字母，表示基布材质类别；第二部分为四位阿拉伯数字，分别表示衬布应用类别、基布组织结构、热熔胶种类、涂布工艺方法；第三部分为三位阿拉伯数字，与第二部分用短画线（-）连接，表示衬布品种规格。

①基布材质类别。即第一部分表示基布材质类别，用英文字母表示（表4-5）。

表 4-5　基布材质对应字母表

基布材质	棉	麻纤	真丝	毛纤	涤纶	锦纶	腈纶	丙纶	氨纶	维纶	粘胶
标记代号	C	F	S	W	T	N	A	O	U	V	R

一个英文字母表示基布是由单一纤维构成；两个或两个以上英文字母构成的，表示基本是由两种或两种以上纤维混纺或交织织制的。同时，纤维比例高的标记代号字母写在前，比例低的写在后。

②品种特性和技术特性。第二部分为四位阿拉伯数字，分别表示衬布应用类别、基布组织结构、热熔胶种类、涂布工艺方法，如表4-6所示。

表 4-6　特性数字对照表

序号	第一位数（衬布应用类别）	第二位数（基布组织结构）	第三位数（热熔胶种类）	第四位数（涂布工艺方法）
0			不用热溶胶	无涂布工艺
1	衬衣衬	机织平纹布	HDPE（高密度聚乙烯）	热熔转移法
2	外衣衬	机织斜纹布	LDPE（低密度聚乙烯）	撒粉法
3	丝绸衬	针织双梳衬布	PA（聚酰胺类）	粉点法
4	裘布衬	针织单梳变化编链衬布	PES（聚酯类）	浆点法
5		针织双梳编链加经平衬布	EVA（乙烯-乙酸乙酯）	网点法
6		无纺编链衬布	EVA-L（EVA的皂化物）	网膜法
7		水刺非织造布	PU（聚氨酯）	双点法
8		热轧非织造布		
9		化学黏合非织造布		

③衬布品种规格。第三部分用三位阿拉伯数字表示，三位数字即为衬布的单位面积质量，如果衬布的单位面积质量为两位数，则三位数的第一位为0。

例如：R1213-138，表示克重为138g/m²粘胶衬衫机织高密度聚乙烯胶粉点法黏合衬，简称粘胶衬衫用机织黏合衬。

NR2734-125，表示克重为125g/m²锦粘外衣非织造聚酰胺浆点法黏合衬，简称锦粘外衣用非织造浆点法黏合衬。

NT3647-045，表示克重为45g/m²锦涤丝绸无纺编链聚酯双点黏合衬；锦涤丝绸无纺编链黏合衬。

4.2.2　衬垫

衬垫是指为了保证服装造型并修饰人体的垫物。其基本作用是在服装的特定部位，利用制成的、用以支撑或铺衬的物品，使该特定部位能够按设计要求加高、加厚、平整、修饰等。按使用材料可分为棉及棉布垫、泡沫塑料垫、羊毛与化纤下脚针刺垫三种；按使用部位可分为肩垫、胸垫和领垫等。

（1）肩垫　又称垫肩，是衬在上衣肩部类似三角形的垫物。肩垫是用来修饰人体肩形或弥补人体肩形“缺陷”的一种服装辅料，其种类繁多，见表4-7。前者称为修饰型肩垫，后者称为功能型肩垫。现代肩垫还从服装造型的需要出发，做成各种形状和厚薄，以适应不同服装的需要。肩垫不但品种多，档次高，而且用途也十分广泛，涉及服装的各个领域。不同的服装对垫肩的材料选用、加工工艺、大小厚薄、形状作用都有不同的要求，因而垫肩的品种规格可有数百种之多。使用垫肩可以使服装造型美观，形体优雅，产生高级感。

表 4-7 肩垫的分类

分类原则	分类
按主要作用分类	分为功能型和修饰型两种
按成型方式分类	分为热塑型（定型）肩垫、缝合型（车缝）肩垫、穿刺缠绕型（针刺）肩垫、切割型（海绵）肩垫和混合型肩垫5种
按常用材质分类	分为海绵肩垫、喷胶棉肩垫、非织造布肩垫、棉花肩垫、硅胶肩垫等
按表面处理方式分类	分为拷克肩垫（即在肩垫表面包裹一层布料）和非拷克肩垫
按肩垫形状分类	分为拱形肩垫、窝形肩垫、翘肩型肩垫、非翘肩型肩垫
按肩垫和衣服的结合方式分类	分为缝合式肩垫、黏合式肩垫和扣合式肩垫

不同风格不同质地的服装对肩垫的要求是不一样的，比如棉花肩垫是不能水洗的，那么水洗的服装就不能选用棉花肩垫。又如结构疏松的深色面料在选用肩垫时就不能选用表面容易起毛的浅色肩垫，否则时间一长肩垫中的纤维就会从衣服表面渗透出来。

（2）胸垫　又称胸片、胸衬，主要用于西服、大衣等服装的前胸夹里，可使服装悬垂性好、立体感强、弹性好、保型性好，具有一定的保温性，并对一些部位起到牵制定型作用，以弥补穿着者胸部缺陷，使其造型挺括丰满。一般可分为机织物类和非机织物类。另外，还有复合型胸垫和组合型胸垫。早期使用的胸垫材料大多是较低级的纺织品，后来又逐步发展使用毛麻衬、黑炭衬作胸垫，近些年来开始用非织造布制造胸垫，特别是针刺技术的应用，可生产出多种规格、多种颜色、性能优越的非织造布胸垫。与其他机织物胸垫相比较，非织造布胸垫具有以下优越性：重量轻；裁剪后切E1不脱散；保型性和回弹性良好；保暖性、透气性、耐霉性和手感好；与机织物相比，对方向性要求低，使用方便；价格低廉，经济适用。非织造布胸垫规格一般为 $100\sim160\ g/m^2$，颜色有白色、蓝色、黑灰色等。在服装生产中使用较多的是组合型胸垫。高档成衣的胸垫常选用的材料有黑炭衬、马尾衬、胸绒、棉布等，并且大多以组合的形式使用。

（3）领垫　又称领底呢，供西服、大衣、军警服及行业制服服装领底使用，用它代替服装面料及其他材料做领里，可使衣领展平，面里服贴，造型美观，增加弹性，便于整理定型，洗涤后缩水率小且保型性好。领垫分为有底布领垫和无底布领垫两种。按使用的材料还可分为粘胶纤维领垫、混纺领垫和纯毛领垫。领垫具有造型美观、定型挺括、弹性好、不易褶皱、洗烫不缩水、不起球、易裁剪、省工省料等特点，特别适用于流水生产，有助于提高服装档次，增加附加值。

4.2.3　选择服装衬料时的注意事项

（1）衬料应与服装面料的性能相匹配　包括衬料的颜色、单位重量、厚度、悬垂等方面。如法兰绒等厚重面料应使用厚衬料，而丝织物等薄面料则用轻柔的丝绸衬，针织面料则使用有弹性的针织（经编）衬布；淡色面料的垫料色泽不宜深；涤纶面料不宜用棉类衬等。

（2）衬料应与服装不同部位的功能相匹配　硬挺的衬料多用于领部与腰部等部位，外衣的胸衬则使用较厚的衬料；手感平挺的衬料一般用于裙裤的腰部以及服装的袖口；硬挺且富有弹性的衬料应该用于工整挺括的造型。

（3）衬料应与服装的使用寿命相匹配　须水洗的服装则应选择耐水洗衬料，并考虑衬料的洗涤与熨烫尺寸的稳定性；衬垫材料，如垫肩则要考虑保型能力，确保在一定的使用时间内不变形。

（4）衬料应与制衣生产的设备相匹配　专业和配套的加工设备，能充分发挥衬垫材料辅助造型的特性。因此，选购材料时，结合黏合及加工设备的工作参数，有针对性地选择，能起到事半功倍的作用。

4.3 填料

服装填料主要是面料与里料中间的填充物，常以絮料或絮片的形式用于服装、褥垫、睡袋等。它的主要作用是御寒保暖，因此，对填料的要求首先是热的不良导体，其次是柔软、轻松。

4.3.1　服装填料种类

填料根据形态可分为絮料和絮片两种。

（1）絮料　絮料是指未经纺织加工的天然纤维或化学纤维。它们没有固定的形状，处于松散状态，填充后要用手绗或绗缝机加工固定。包括棉絮（棉花）、丝绵（蚕丝）、羽绒（鸭绒、鹅绒、鸡毛）、骆驼毛、其他动物毛及化纤棉絮等。

（2）絮片　包括绒衬、驼绒、长毛绒、毛皮、人造毛皮、泡沫塑料、絮片（涤纶棉、腈纶棉、太空棉、中空棉等各种化纤棉絮片）。

4.3.2　絮料的品种及用途

（1）棉絮　即棉纤维，原色，不易直接使用散状花球，需加工成絮片状方可使用，这样不易滚花。可用做服装填料、棉絮衣、作垫衬的填料、絮棉被褥、座垫和棉絮套等。新的棉絮松软，保暖性强，穿着舒适，受压后蓬松度降低，保暖性随之下降，旧棉絮易板结，需经常翻晒。棉絮不宜水洗，易变形，难干，维护麻烦。在用棉花絮絮衣服时，必须经过加工弹好方可使用，而不易直接使用散状花球，这样易于滚花，在使用时需按层揭或撕扯，而不可剪以免增加断头。

（2）丝绵　丝绵是由茧丝或剥取蚕茧表面的乱丝整理而成类似棉花絮的物质，用途同棉花絮。丝棉具有重量轻、纤维长、弹性好的特点，无论是纤维长度、牢度、弹性或保暖性都优于棉花，而且密度小、柔滑，更适合于绸缎面料的棉衣裤，但价格较高。丝绵也需要经常翻拆，比较麻烦。丝绵在加工上有些工艺须注意：一是不能用剪刀剪断丝纤维，以免断头在穿用一段时间后钻出面料，形成小球，影响美观；二是丝绵的接絮要接牢，防止丝绵滑落，造成底部堆积，肩部或其他部位出现空洞，厚薄不匀称。

（3）羽绒　羽绒或称绒羽，亦称“绵羽”，俗称“绒毛”。常用的羽绒，主要是鸭及其他家禽、水鸟的羽绒等，具有质轻、柔软、保暖性强的特点，主要用做衣、被、褥、枕、垫等的填充料，是很好的冬季保暖材料。质量好的羽绒服，含绒量较高，凭手感捏，羽梗较少，去脂处理好，无异味。

一般鸭绒质轻，鹅绒细软，常制成羽绒服、羽绒裤、羽绒背心和羽绒被、褥等，有较好的御寒能力。经常翻晒可保持蓬松柔软和持久的保暖性能。鸭绒服在服装中属于高档商品，市场上也享有一定的声誉。鸡毛的绒毛少，羽梗硬，通常用的是羽瓣，一般用做垫、褥的填充料较多，很少用做衣服的填充料。

（4）骆驼绒　骆驼绒是直接从驼毛中选出来的绒毛，可直接用来絮棉衣。制作与棉花相似，但保暖效果大大好于棉花，既轻又软，是很好的天然絮料。驼绒服装经常翻晒，可保持蓬松柔软，不用经常翻拆。

4.3.3　絮片的品种及用途

絮片是由纺织纤维构成的蓬松柔软而富有弹性的片状材料，属于非织造布类。絮片具有原材料丰富、规格参数容易控制，易裁剪、易缝制、易保养且物美价廉等特点。随着差别化纤维越来越多地进入我们的生活，絮片的质量也在不断提高。人们运用中空纤维、细旦纤维、变形纤维、复合纤维等制作絮片，纤维屈曲蓬松，比表面积增大，使纤维间空气的含量增多，保暖性能大大增强，而且蓬松柔软，轻巧舒适。一般将这些纤维，先制成纤维网，然后再进行加固而制成。目前常见的保暖絮片：热熔絮片、喷胶棉絮片、金属镀膜复合絮片、远红外棉复合絮片。

（1）热熔絮片　热熔絮片是热熔黏合涤纶絮片的简称，是一种以涤纶为主，用热熔黏合工艺加工而成的絮片。热熔絮片的产品规格常见的有幅宽（144±20）cm，单位面积质量200g/m^2、150 g/m^2，每卷长度（40±2）m。热熔絮片原料来源丰富，加工工艺简单，价格便宜，适合制作棉衣、卧具等产品。其用途比较广泛，是普及型的保暖材料。

（2）喷胶棉絮片　喷胶棉又称喷浆絮棉，是以涤纶短纤维为主要原料，经梳理成网，然后将黏合剂喷洒在蓬松的纤维层的两面，由于在喷淋时有一定的压力以及下部真空吸液时的吸力，所以在纤维层的内部也能渗入黏合剂，喷洒黏合剂后的纤维层再经过烘燥、固化，使纤维间的交接点被粘接，而未被粘接的纤维仍有相当大的自由度。在纤维的黏结状态中，交叉点接触的较多，而由黏合剂架桥结块的较少，使喷胶棉能够保持松软。同时，在三维网状结构中仍保留有许多含有空气的空隙。因此，纤维层具有多孔性、高蓬松性的保暖作用。

喷胶棉除可用来作棉絮外，还可用于防寒服、床罩、席梦思床垫、太空棉等。它具有许多优点：一是蓬松程度好，保暖性能优于棉花；二是质量轻，一条重0.75kg的喷胶棉被胎的保暖性就相当于2.5～3kg的棉花被胎；三是具有防腐性，不霉、不蛀、不烂；四是不受潮，可以整体洗涤衣被。

（3）金属镀膜复合絮片　金属镀膜复合絮片俗称太空棉、宇宙棉、金属棉等。它是五层结构，基层是涤纶弹力绒絮片，金属膜表层是由非织造布、聚乙烯塑料薄膜、铝钛合金反射层和保护层四部分组成，经复合加工而成的复合絮片。它利用人体热辐射和反射原理达到保温作用，具有良好的隔热性能，是一种超轻、超薄、高效保温的材料，在防寒、保温、抗热等性能方面远远超过传统的棉、毛、羽绒、裘皮、丝绵等材料。太空棉絮片因透湿性、透气性等性能较差，穿着有闷热感，不能满足人们对舒适性的要求，难以得到普遍推广应用，但它因其良好的保暖性能和防风性能可以作为帐篷用保暖材料。

（4）远红外棉复合絮片　远红外棉复合絮片除具有毛型复合絮片的特性外，还具有抗菌除臭作用和一定的保健功能，是一种多功能高科技产品，其原料是远红外纤维。远红外纤维是由能吸收远红外线的陶瓷和成纤高聚物组成的纤维。加工方法有两种：一种是将陶瓷粉末均匀地分散于高聚物熔体或溶液中，再采用常规方法纺丝；另一种是将陶瓷粉末分散在水或有机溶剂中，然后均匀涂布在纤维或织物上，经干燥、热处理而成。远红外纤维可吸收太阳光中的远红外线并转换成热能；也可将人体的热量反射而获得保温效果。远红外棉复合絮片的保暖性能效果好，穿着舒适，物理机械性能优越，可制成各类产品，如保暖衫衣、棉衣、防寒服、卧具等；除保暖性能优越外，还具有一定的保健功能，因而是极具发展前景的新型保暖絮片。

第5章　面料的印染整理

- 练漂
- 染色
- 印花
- 整理

面料从纺织厂或针织厂生产出来并不能直接进入市场或进入服装厂，中间必须经过印染厂，对坯布进行练漂、染色、印花与整理等一系列加工，以达到一定的外观、手感和功能。这一系列加工称为印染后整理，简称染整。染整可以赋予面料不同的花色图案、手感或功能。通过染整，可使弹性差、易皱、可穿性能差的棉织物变成弹性好、洗后免烫的织物；使原来手感丰厚、光泽柔和、具有缩绒性的毛织物变成手感平滑、光泽如丝、无缩绒性的可机洗轻薄毛料；使原本柔软的粘胶纤维织物变成了硬挺的仿麻织物；使麻织物经整理后变成手感柔软、垂感好的面料。

5.1 练漂

练漂是指采用化学方法去除织物上的杂质，以使后续加工得以顺利进行。织物上的杂质一般有两大类：一类为天然杂质，如棉、麻纤维上的棉子壳、蜡状物质、含氮物质、果胶、脂肪、色素和木质素等；蚕丝里的丝胶；羊毛里的羊毛脂、羊汗等；化学纤维比较洁白，一般不需要进一步漂白。另一类为纺织加工过程中的浆料、油剂及沾染的污物等。练漂的目的就是去除上述各种杂质，提高织物的使用性能，并利于下道工序的加工。与此同时，练漂还可以改善或提高织物的品质。

5.2 染色

染色是把纤维制品染上颜色的加工过程，使染料或颜料与纤维发生物理或化学结合，使纤维、纱线或面料具有一定颜色，或在面料上生成不溶性有色物质的加工过程。纺织品的染色有两种主要的方法：一种是应用最为广泛的染色（常规染色），主要是将纺织品放在化学染料溶液中处理；另一种方法是使用涂料（颜料加黏合剂），把涂料制成微小的不可溶的有色颗粒黏附于织物上（纤维原料原液染色不在此列）。

5.2.1 上色材料

染色所用的上色材料可分为染料和颜料，其特点见表5-1。染料是一种比较复杂的有机物质，它的种类很多，其分类及特点见表5-2。

表 5-1　染料和颜料的特点

上色材料		特点
染料	天然染料	天然染料是取自自然界现成的有色物质。例如，从植物的根、茎、叶及果实中提取出来的靛青、茜红、苏木黑等，叫做植物性染料；从动物躯体内提取的胭脂等，叫做动物性染料；从矿物中提取的铬黄、群青等，叫做矿物性染料。天然染料历史悠久，但由于色谱不全、染色牢度不够理想等缺点，自19世纪合成染料出现后就逐渐被合成染料所替代
	合成染料	合成染料又称人造染料，主要从煤焦油中分馏出来（或石油加工）经化学加工而成。合成染料与天然染料相比具有色泽鲜艳、耐洗、耐晒、可批量生产、产品质量稳定等优点，故目前主要使用合成染料。进入21世纪，人们对环境保护、自身健康愈加重视，合成染料的不安全因素已引起人们普遍担忧，天然染料又重新引起关注。随着天然染料技术的不断成熟，必将成为未来绿色环保产品发展的方向
颜料		颜料是不溶于水的有机或无机色料，与纤维间没有相互结合的能力，所以其对纤维的上染必须依靠黏合剂，将颜料机械地粘在纤维制品的表面。颜料加黏合剂，或添加其他助剂调制成的上色剂称为涂料色浆，用涂料色浆对织物进行染色（或印花）的方法称涂料染色（或印花）。涂料染色时，黏合剂是不可缺少的，染色的牢度主要取决于黏合剂与纤维结合的牢度。近年涂料染色（或印花）方法应用日趋广泛，因为它适用于各种纤维的上色，且色谱齐全、色泽鲜艳、工艺简单、污染少，而且涂料印花层次感强、别有特色，但深色涂料染色的耐摩擦色牢度较差

表 5-2　染料的分类及特点

分类	特点
直接染料	可溶于水，在中性盐或弱碱性盐存在的条件下，经煮沸可直接上染。对所有的天然纤维都有一定的亲和力，也可染粘胶、铜氨人造纤维和少数合成纤维
酸性染料	酸性染料又分为强酸性、弱酸性及中性染色的染料，强酸性染料主要用于染羊毛，色牢度较差，弱酸性及中性染料主要用于染毛、蚕丝、锦纶、皮革
阳离子染料（碱性染料）	因色素离子带的是阳电荷而得名，是腈纶的专用染料，如涤纶纺丝时加负离子，用阳离子染料可进行常温染色
还原染料（士林染料）	不溶于水，染色时需加烧碱和还原剂（保险粉）使其溶解成隐色体后，才能上染纤维，然后经过空气或其他氧化剂氧化，纤维上才显出真实的色泽。其色牢度好，耐洗耐晒，价格较贵，工艺烦琐，主要用于纤维素纤维的染色，如传统的牛仔布及云南的蜡染布即用此类染料
分散染料	非离子型染料，基本不溶于水，依靠分散剂将染料分散成极细的颗粒后进行染色。主要用于涤纶和醋纤的染色，也可染锦纶、维纶等。色泽较鲜艳，色谱也较广，牢度较好，价格贵
活性染料	大多用于纤维素纤维织品，较少用于蛋白质织品。色泽鲜艳、耐光，水洗、耐摩擦牢度较好

5.2.2　染色的类型

（1）按染色对象分类　见表5-3。

表 5-3　染色按染色对象的分类及特点

分类	特点
原液染色	在纺丝过程中加入色料，颜色持久，适用于非亲水性或难染或不耐热纤维，如丙纶
散纤维染色	在纺纱之前的纤维或散纤维的染色，装入大的染缸，在适当的温度进行染色。色纺纱大多采用散纤维染色的方法（也有不同纤维单染的效果），常用于粗纺毛织物
毛条染色	这也属于纤维成纱前的纤维染色，与散纤维染色的目的一样，是为了获得柔和的混色效果。毛条染色一般用于精梳毛纱与毛织物
纱线染色	织造前对纱线进行染色，一般用于色织物、毛衫等或直接使用纱线（缝纫线等）
织物染色	对织物进行染色的方法也称为匹染
成衣染色	把成衣装入尼龙袋子，一系列的袋子一起装入染缸，在染缸内持续搅拌。成衣染色多适合于针织袜类、T恤等大部分针织服装、毛衫、裤子、衬衫等一些简单的成衣

（2）按染色方法分类　见表5-4。

表 5-4　染色按染色方法的分类及特点

分类	特点
浸染	浸染是将染品反复浸渍在染液中，使染品和染液不断相互接触，在一定的温度条件下，保持一定时间，中间通过不断搅拌来完成染色过程。染后还要经过洗涤，去除浮色。它适合散纤维、纱线和小批量面料的染色
扎染	扎染是先把织物面料浸渍染液，然后使织物通过轧染机轧辊的压力，把染液均匀轧入织物内部，再经过蒸汽或热溶等处理。它适合用于大批量面料的染色 扎染古称绞缬、扎缬，是我国民间一种古老的手工印染方法，是利用缝扎、捆扎、包物扎、打结、叠夹等方法使部分面料压紧扎实，入染缸浸染，染料不易渗透进去，起到防染效果，而未被压紧扎实部分可以染色，形成不同图案色彩（图5-1、图5-2）。扎染过程步骤如下：服装或面料洗净→绘制图案→缝扎、捆扎或叠夹等→浸染→洗涤→固色→脱水→拆洗→后整理。可以应用在丝绸、纯毛、纯棉、纯麻、粘胶、锦纶等不同面料上，获得各种风格独特的效果。扎染产品花型活泼自然，有晕色效果。扎染产品是手工单件操作完成，操作方法易学，纹饰变化自由，晕色变幻莫测，尤其是经过绞扎染色而自然形成的纹理变化和斑斓的晕色效果更是独具魅力。目前，市场上扎染的服装、头巾、包等，颇受国内外人士欢迎
蜡染	蜡染也是我国民间一种古老的手工印染方法，在贵州、云南一带尤为普遍。蜡染是利用蜡特有的防水性作为面料染色时的防染材料，染色前将蜡熔化，然后在面料上用特制的蜡刀蘸上熔化适度的蜂蜡在一块块大小不等的白布上画出各种花纹图案，然后将画好的白布浸在染缸里染色或表面用毛刷蘸上染浴涂刷而进行染色，再将染了色的布经沸水去蜡、清水漂洗、平晾，便成了一幅幅多姿多彩的蜡染花布（图5-3、图5-4）。由于蜂蜡附着力强，容易凝固，也易龟裂。因此，蜡染时染液便会顺着裂纹渗透，留下人工难以描绘的自然冰纹，展现出清新自然的美感
泼染	泼染产品可谓集染色与印花优点之大成，其图案形象生动，色彩丰富，风格多样，且花型抽象随意，造型神奇，起到一般染色和印花所达不到的效果，因而极具吸引力。泼染的原理是以手绘方式将染液绘制于织物面上，再用盐或其溶液汲取染液的水分，使上染部分的染料浓度增加，直至染液自然干燥。结果形成或如烟花四射，或如奇葩怒放，或如流星飞泻的变化多端的花纹图案（图5-5）
吊染	吊染是近年较流行的一种染色方式，用于裙子、T恤、风衣、毛衣、围巾甚至羽绒服等各类服装中。它是将面料或服装吊挂起来，然后反复在染液中浸泡上染，因面料或服装的下端浸泡在染液中时间长、重复次数多，而上端浸泡在染液中的时间短、次数少，故形成上浅下深的渐变效果（图5-6）
其他	除以上几种染印方法外，还可通过手绘、喷射等方法赋予服装色彩，以满足人们追求个性化的要求

图5-1　扎染方法

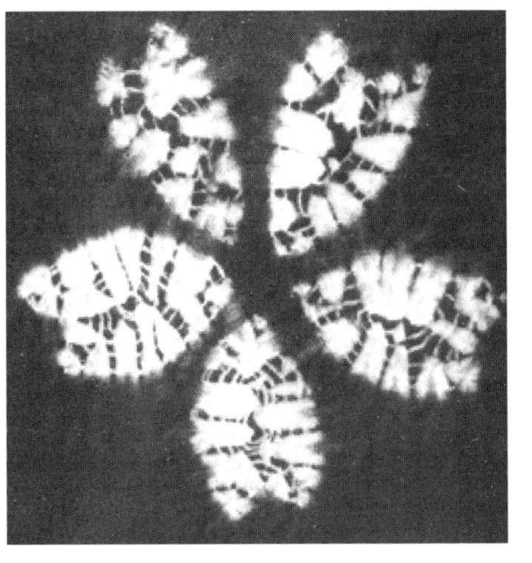

图5-2　扎染产品

图5-3　蜡染产品（一）

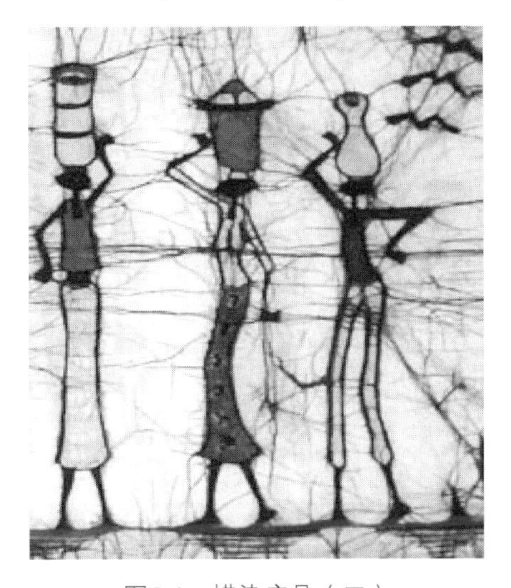

图5-4　蜡染产品（二）

图5-5　泼染

图5-6　吊染

5.3 印花

印花和染色一样，都是使织物着色。但在染色过程中，染料是使织物全面地着色，而印花是局部着色。印花是将各种染料或颜料调制成印花色浆，局部印制在面料上，使之获得各色花纹图案的加工过程。染色产品素洁，印花产品具有色泽层次多、花纹造型自由等特点。印花使用与染色相同的染料或颜料，区别在于染色时染料要溶解于水溶液中，而印花时，为了防止渗化，保证图案轮廓清晰，往往要添加一些糊料（增稠剂）调成色浆。使用颜料印花时，需要加入黏合剂使颜料能黏合于纤维表面，由于颜料是不透明的，能够遮掩下面的材料，因此其适用范围很广。染色织物要求色泽均匀丰满，鲜艳透芯，而印花织物则要求图案明朗大方，花型轮廓清晰，花鲜地白，色泽饱满，具有艺术性。

纺织品印花绝大多数是织物印花，其中主要是棉织物、丝织物和化纤及其混纺织物印花，毛织物印花为数不多，此外还有纱线、毛条印花以及成衣印花等，下面将以织物印花为主来系统分类。

（1）按印花工艺分类　见表5-5。

表 5-5　印花按印花工艺的分类及其特点

分类	特点
直接印花	是将印花色浆直接印在白地织面料或浅色面料上（色浆不与地色染料反应），获得各色花纹图案的印花方法。其印花工序简单，适用于各类染料，所以广泛应用于各类面料的印花
拔染印花	在面料上先进行染色后进行印花的加工方法。拔染印花是先将面料染上纯色，然后在其上印上能使背景颜色脱色的化学物质，也可以在脱色剂中加入另外一种不与脱色剂反应的其他颜色，这样将底色脱去的同时会染上新的颜色，印花处成为白色花纹称为拔白印花，印花处获得有色花纹的称为色拔印花，见图5-7和图5-8。拔染印花能获得地色丰满、轮廓清晰、花纹细致、色彩鲜艳的效果，但底色染料的选择受一定限制，而且印花周期长，成本高
防染印花	是先印花后染色的加工方法。防染印花，首先用防染剂将图案印于面料上，这样能防止染料或颜料在该部分上色，而其他部分则可以染上颜色。用防染印花印得的花纹一般不及拔染印花精细，但适合于防染印花的地色染料种类较多，印花工艺流程也较拔染印花短
涂料印花	涂料印花亦称颜料印花，它是利用不溶于水的有色物质（即颜料）和高分子聚合物（称黏合剂）混合经印花、烘干后，再经过焙烘，涂料便被黏着到纺织品上，形成一种透明的有色薄膜。涂料不同于染料，它不存在对纤维上染问题。涂料印花适用于纤维素纤维、锦纶、涤纶、维纶、腈纶等织物，尤其适用于棉涤等混纺织物的印花。涂料印花的工艺简单，织物印后烘干、焙烘，无须水洗，属短流程工艺，是一种节能、节水、有利环境保护的工艺。其织物图案轮廓清晰，色浆拼色方便，色谱齐全，色泽重现性好，色牢度好。涂料印花由于适用性强，其印花技术发展很快。现在，涂料印花技术已超越了一般传统的概念，向多样化、多效果发展，如利用具有发光、动态、反射等特种功能的物质作为涂料，主要有金银粉印花、珠光印花、夜光印花、钻石印花、变色印花、发泡印花等，涂料印花的发展前景广阔

图5-7　拔染印花（一）

图5-8　拔染印花（二）

（2）按印花设备分类　见表5-6。

表 5-6　印花按印花设备的分类及其特点

分类	特点
筛网印花	主要印花装置为筛网，它源于型版印花。型版印花是将纸版、金属版或化学版雕刻出楼空花纹的印花方法。筛网印花是在尼龙、涤纶或金属丝网上面做成不同的花纹，然后在有花纹处用胶将网孔封闭，其他部位仍保留网孔（也可相反，在无花纹处封闭，有花纹处保留网孔）。这样，通过刮涂染料浆或涂料浆，被胶封闭处不漏浆，面料不上色，而在网孔处染料按花纹印在面料上。当需要印多色花纹时，印花图案中的每一种颜色独自需要一只筛网，以分别印制不同的颜色 筛网又分平网印花（图5-9）和圆网印花（图5-10）两种，平网是将筛网绷在金属或木质矩形框架上，圆网则采用镍质圆形金属网。印花时，将花纹图案雕刻在网上、在平网或圆网印花机上色浆通过网印将花纹图案转移到纺织品上，平网印花有手工和机械之别，而圆网印花是连续化的机械运行 平网印花变换产品灵活，可以制作大尺寸的花型，适合小批量生产，但效率较低；而圆网印花是将花纹筛网制成圆筒而印花的方法，可以连续生产，效率较高，但花型大小受到限制，是目前应用最广泛的印花方法
滚筒印花	是按照花纹的颜色，分别在由铜制成的印花花筒上刻成凹形花纹，将刻好的花筒安装在滚筒印花机上即可印花。在印制过程中，色浆通过刻有花纹图案的铜辊凹纹压印转移到织物上，这种印花方法在国内棉行印花生产中占有一定比重。滚筒上可以雕刻出紧密排列的十分精致的细纹，因而印制的图案十分细致、柔和。滚筒印花每一种花色各自需要一只雕刻滚筒，印花套色和花纹大小受机器设备限制，但滚筒雕刻费时且费用较高，只有大批量生产时该方法才比较经济合理
转移印花	是改变了传统印花概念的印花方法。根据花纹图案，先把染料或涂料印在纸上得到转移印花纸，再将转移印花纸上的正面与被印织物的正面紧粘，进入转移印花机，而后在一定条件下使转印纸上的染料转移到纺织品（图5-11）。利用热使染料从转印纸升华转移到纺织品上的方法称为热转移法；在一定温度、压力和溶剂的作用下，使染料从转印纸剥离而转移到纺织品上的方法称为湿转移法。转移印花的图案花型逼真，加工过程简单，特别是干法转移印花无须蒸化、水洗等后处理工序，节能无污染。转移印花特别适于印制小批量的品种，印花后不需要后处理，减少了污染，属清洁加工。印制的图案丰富多彩，花型逼真，艺术性强，印花疵病少，但转印纸的耗量大，成本高。目前主要用于涤纶、锦纶纺织品的印花

续表

分类	特点
数码印花	又称喷墨印花，是一种新型的印花方法，起源于喷墨打印机，它是目前最经济的印花方法。印浆不需要通过另一种工具，如滚筒或筛网将色浆印到织物上，而是将印浆用喷嘴喷射到织物上，花纹用数码照相机的原理，将其转化为数字信号，通过计算机来控制喷墨，使有花纹处喷上印浆（图5-12）。喷液印花机由计算机、喷嘴、烘干、织物驱动装置组成。数码印花技术因其众多优势而受到设计师的青睐。首先它印制的花型定位准确，可以在衣片的任何部位准确定位，而且花型大小、颜色数量几乎不受限制，花型图案富有个性化，这给了设计师以足够的设计空间，它特别适用于高难度、小批量、多品种、快交货的丝绸产品生产。此外该技术无废水污染，新型的绿色环保技术使其成为21世纪最有发展前景的一项印花技术。目前，数码印花的实现方式分两种：直接喷印和热转印。直接喷印是指在纺织品上直接印制，采用的染料为活性染料，适用于丝、棉、麻等天然纤维织物，前后处理方法与传统方式相同；热转印是指在专用转印纸上喷印出所需的图案，然后使用热升华转印机将印花内容转移到织物上，采用分散性染料，适用于各种化学纤维织物。热转印方式具有操作简便、工艺流程短等特点，目前使用较为广泛

图5-9　筛网印花（平网印花）

图5-10　筛网印花（圆网印花）

图5-11　转移印花

图5-12　数码印花

（3）新型印花　近些年来，也出现了各种新型印花，见表5-7。

表 5-7　新型印花种类及其特点

新型印花种类	特点
珠光印花	主要采用晶面微粒印制在织物上，产生珍珠特有的光泽（图5-13）。珠光印花用的珠光浆是由珠光粉、透明成膜的黏合剂和增稠剂等组成。其珠光粉有天然珠光粉、人造珠光粉、激光珠光粉和钛膜珠光粉四种。珠光印花显示珍珠般的柔和光彩、雍容华贵，具有优良的手感和牢度。珠光浆适用于各种纤维印花，既可单独使用，也可与涂料或染料混用，产生彩色珠光

续表

新型印花种类		特点
夜光印花		物质呈现各种不同颜色，是由于光照射到物质表面，产生光的反射和吸收的结果。也就是说，物质必须在有光的条件下，才呈现各种不同颜色，没有光就没有颜色。在黑暗环境中物质的各种颜色都会消失，而光致发光物质受日光或人工光的照射激发后，能在黑暗处发出光，呈现不同颜色。这种物质必须经光的照射激发才能在黑暗处发光，所以称为光致发光物质。光致发光物质当外界光源除去后发光有一定的时间限制，发光持续的时间，称为余晖。夜光印花是采用光致发光物质作为涂料在织物上印花，经光照后能在黑暗中显示晶莹美丽和多彩的图案，在有光照时仅为一般图案，这种随光照的改变产生忽隐忽现光亮型的织物，就是夜光印花织物（图5-14、图5-15）。如果利用不同发光波长和不同余晖的光致发光物质，还可以达到动态效果，十分生动，装饰效果非常出色。夜光印花面料可用于舞台演员服或夜间服装等
钻石印花		服装面料要具有吸引性就要能显现不同寻常的视觉效果，一般公认最珍贵的光芒是天然金刚钻石的光芒。钻石印花即印在织物上的花纹具有钻石光芒的印花工艺，它所产生的效果是金银粉印花、珍珠印花所不能比拟的。天然的金刚钻石十分稀少，价格昂贵，不可能大量用于织物印花。钻石印花实际上是一种人工仿天然金刚钻石光芒的印花，选定一种成本较低、能形成近似金刚钻石光芒的物体作为微型反射体，在日光下具有类似金刚钻石的光线定向反射性和分光性，并具有光的畸变性（图5-16）。钻石印花用于黑色平绒、天鹅绒等深色表面不平的织物效果较好。钻石印花由于产品外观雍容华贵，十分高雅，深受消费者的青睐。而且其工艺简单、成本低廉、牢度优良、适用于所有印花设备
变色印花	光敏变色印花	亦称感光变色印花，是利用吸收紫外线而转换成能量的原理，把感光变色材料，应用到印花上，印制后的产品经太阳光和紫外线照射，吸收太阳光、紫外线的能量而产生颜色变化，当失去太阳光和紫外线照射后，即立刻回复到原来的颜色。光敏变色印花是在印花色浆中把光变染料和一般色涂料拼混后一起印花。例如用光变染料红与涂料蓝拼混后印花，在织物表面呈现蓝色，在紫外光照射下则变为蓝紫色
	热敏变色印花	亦称感温变色印花，目前用于纺织品上的热敏变色涂料采用的是热敏变色有机染料，具体方法是把热敏变色有机染料加工成微胶囊后，再采用印花方式印制到织物上去，通过人体的温度变化，反复改变颜色
发泡印花		是指在印浆中加入发泡剂与树脂乳液混合，在高温焙烘中，由于发泡剂膨胀而形成具有贴花和植绒效果的立体花型，并借树脂将涂料固着（图5-17）。发泡印花是新开发的印花工艺，它赋予织物高档华丽的独特风格，突破了平面印花的格局，给人以新颖、高雅之感。发泡印花的缺点是易油污和发黏，适合小面积使用
金银粉印花		是用类似金银色泽的金属粉末作着色剂的涂料印花（图5-18）。就织物效果而言，具有华丽感，即印后织物有“镶金嵌银”的效果。金银粉印花是将铜锌合金或铝粉与特制透明度较好的金银粉专用浆或黏合剂混合后，印在织物上，使织物呈现出金色或银色的闪光花纹效果
微胶囊印花		采用微胶囊技术，微囊由外膜与内芯两部分组成，内芯为染料，外膜是高分子聚合物薄膜。内芯如多色微点印花用的微囊染料，起绒印花用的内含易气化微囊体，香水印花用的香精微囊以及变色印花用的液晶微囊等，调入色浆对织物进行印花。根据微囊中的化学物质以及在适当的条件下可以控制释放的技术，赋予织物特殊的外观或性能
烂花印花		当面料或服装由两种不同的纤维材料组成时，可以利用它们对化学试剂的反应不同，其中一种纤维能被某种化学试剂腐蚀，而另一种纤维则不受影响，因此用该种化学试剂调成印花色浆印花后，经过适当的后处理，使印花部位的一种纤维腐蚀，而未印花部位不受影响，从而呈现不透明面料底上半透明花型的特殊风格（图5-19）

续表

新型印花种类	特点
烂花印花	烂花印花主要是利用涤纶、丙纶、棉纤维对酸的稳定性不同这一化学性质而进行的，用印花方法将混纺或交织物中的某种纤维烂去，而成半透明花纹的印花工艺。由用棉纤维包覆的合成纤维纺制成包芯纱而织成的坯布，印花后通过高温处理，印上酸浆的部位，棉纤维被酸腐蚀炭化，而涤纶、丙纶保留作为骨架，对于没有印上酸浆的部位，经、纬纱中两种纤维仍保持原状，再经过松式水洗，织物具有一种透明、凹凸感，风格独特。烂花印花可以应用于平坦的底布上得到烂花布，亦可用于丝绒底布上（绒毛与底布由不同的纤维材料织成）得到烂花绒。此外，烂花印花可以和普通印花相结合，用色彩、凹凸肌理共同构成更加丰富的层次感。也可以在酸浆中加入上染涤纶的染料，使烂花印花的同时棉纤维被破坏，涤纶着色，从而印出各种颜色的花纹，使图案丰富多彩
泡泡印花	即用化学药剂使织物表现出现皱缩花纹的印花工艺。就织物效果而言，既能保持织物的风格，又具有丝光的实用性。具有柔软、美观、新颖等优点。泡泡印花的机理是用含一定浓度的氢氧化钠色浆局部地直接印在已经漂白、染色的织物上，遇碱浆部位的纤维吸碱后快速膨化而引起收缩，形状发生一定的变化，而未接触碱浆部位的纤维不起变化，但因受到邻近浓碱浆处理的纤维膨化和收缩作用而凸起形成泡泡。泡泡印花目前有两种工艺：一是利用一种使纤维膨化或收缩的反应剂，使织物的局部、整体的物理变化发生差异，造成织物表面凹凸不平的花纹图案；二是先用防碱浆印花，然后浸轧碱液，这样可以得到与上述完全相反的缩皱产品
金箔印花（烫金）	用专用金箔浆通过在印花织物上印花，待浆干后覆上铝箔，经高温压烫，即得烫金花纹效果（图5-20）。专用金箔浆是一种热塑性树脂型水性乳胶浆，手感柔软、光亮度好、牢度好、带黏性，可用于任何耐160℃高温的织物
反光印花	是采用特殊的印花工艺，在织物上印上以高折射率反光体为基体的反光单元，将外来光源射来的光线集成锥状光束再向光源反射。当光的入射角在一定范围内时都可以保持这种反光特性，故称为定向反光印花。定向反光具有强烈的“醒目”效应，因而在纺织行业得以流行，尤其行人穿着该类印花服装，在夜间车灯的照射下，能反射明亮的光，引起驾驶员的高度注意，以避免交通事故。目前反光印花服装已广泛应用于消防、市政等夜间作业领域
经纱印花	经纱印花是指在织造前，先对织物的经纱进行印花，然后与素色（通常是白色）或与所印经纱的颜色反差很大的纬纱一起织成织物，可在织物上获得模糊的、边界不均匀的图案效果（图5-21）
转移植绒印花	是近年来新开发的一种新品种，它可以根据不同消费者的爱好，预先印制好各种立体感强、色彩鲜艳的转移植绒花型纸，以及其他富于想象力的图案，例如卡通、花卉、装饰图案等，然后将该纸与需要转印的装饰织物一起经高温压烫，使纸上的植绒花型转移到装饰织物上。植绒印花的特点是具有丝绒感强，色泽鲜艳、绒茸的立体感强、弹性好、耐洗，转移压烫工艺简单、设备占地面积小，并且还有加工速度快、品种变换方便和不排污水等优点
浮水映印花	也称浮水印印花或水中印花。纺织品在干态时（干的白布或干的色布）没有花型图案；而当织物遇水后，色织物（或白织物）上就会有花型图案呈现；当织物上的水分挥发干燥后，花型图案又会消失，可以循环往复而无穷。这种随着织物上有无水分，花型图案呈忽隐忽现动态效果的印花称为浮水映印花（图5-22）。浮水映印花起源于纸张上的防伪标记或传递密文。纺织品上的浮水映印花可应用沙滩裤、泳装、雨衣、雨伞、毛巾和织物防伪标志等。特别是浮水映印花沙滩童裤，能为小朋友带来无穷童趣
彩色闪光片印花	也称闪烁片印花，它是将一种非常柔软的高分子新材料（具有闪闪发光的彩色微小片状物），印制到织物上，能发出钻石的闪烁光芒，以及光彩夺目的印花图案
消光印花 （仿提花印花）	在有光织物上含有消光剂的消水浆，运用涂料印花工艺，获得局部无光的印花效果，明暗分明，具有类似提花的风格。消光浆一般以二氧化钛或涂料白作消光剂，配以不泛黄的黏合剂组成。主要应用于缎纹或斜纹丝绸、人造丝、合纤、纤维素纤维针织物及混纺织物，也可用在轧光织物和样纸上

图5-13　珠光印花

图5-14　夜光印花（光照射环境中）

图5-15　夜光印花（黑暗环境中）

图5-16　钻石印花

图5-17　发泡印花

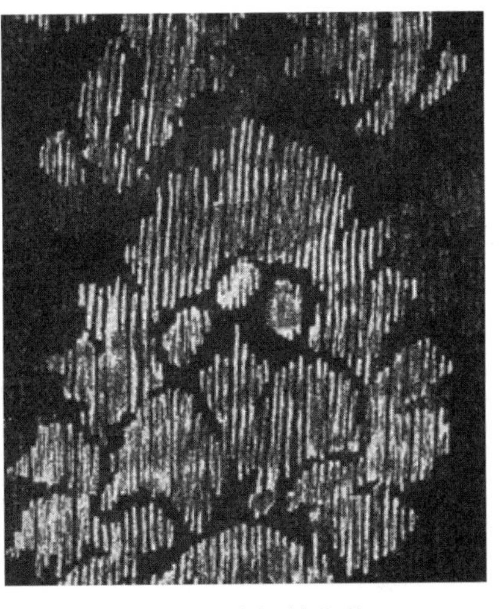

图5-18　金银粉印花

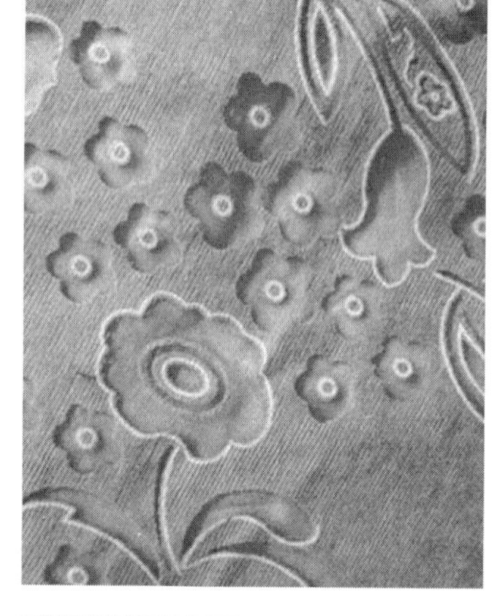

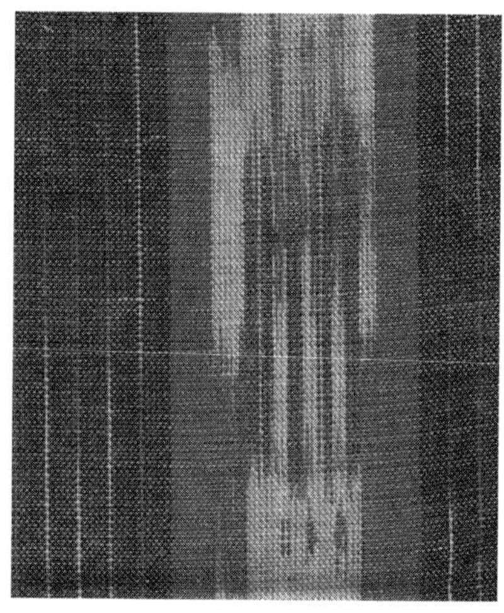

图5-19 烂花印花

图5-20 金箔印花

图5-21 经纱印花

图5-22 浮水映印花

5.4 整理

坯布经染色、印花后通常还不是制作服装的最终面料，一般还需要进行整理。整理是染整加工的最后一道工序，它是采用物理或化学的方法来改善织物的手感和外观，提高织物的品质及使用性能或赋予织物特殊功能的加工过程。如今人们越来越重视面料或服装的后整理，因为整理能增加美感，改善制品的外观、手感，并赋予其特殊功能，是提高产品档次和附加值的重要手段。根据织物整理的目的以及产生的效果的不同，可分为基本整理、外观整理和功能整理三大类。随着涂料染色技术的发展，近年又发展了一些适合时尚、市场所需要的新工艺即涂料染色整理一步法（即染色烘干后的织物经树脂、防水、拒水、阻燃、涂层等加工后再焙烘的工艺），可大大缩短工艺流程，节约能源，很有发展前途。

5.4.1 定幅整理

定幅整理的目的使织物的布幅整齐划一和尺寸稳定，并具有基本的服用和装饰功能，其工艺特点见表5-8。

表 5-8 定幅整理工艺

工艺名称	特点
拉幅	也称定幅，是指利用纤维素、蚕丝、羊毛等纤维在潮湿条件下所具有的一定可塑性，将织物幅宽逐渐拉阔至规定尺寸并进行烘干稳定的整理过程
预缩	用物理方法减少织物浸水后的收缩，以降低缩水的整理过程，又称机械预缩整理。机械预缩是把织物先经喷蒸汽或喷雾给湿，再施以机械挤压，然后进行松式干燥。预缩后的棉布缩水率可降低到1%以下，并由于纤维、纱线之间的互相挤压和搓动，织物手感的柔软性也会得到改善
防皱（免烫）	防皱整理包括织物防皱整理和成衣防皱整理，多用于易皱的纤维素织物，甚至蚕丝织物的免烫整理等。纯天然纤维防皱免烫整理的服装由于穿着舒适、服用方便，受到人们喜爱。例如，利用丝素与聚氨酯混合使用对棉织物进行防缩整理，可以提高棉织物的褶皱回复角，赋予织物柔软的手感和良好的光泽，同时是一种无甲醛防皱整理工艺，符合纺织品绿色环保理念。经整理织物外观保持性较原来有所提高，平整、挺括、不易褶皱，织物尺寸稳定，缩水率下降，但有些指标会受些影响 最初的防皱整理也叫树脂整理（但现在树脂整理已不仅限于防皱整理了），树脂防皱整理已成为常规整理，有防缩防皱、免烫（或“洗可穿”）和耐久压烫（简称PP或DP整理）等。但树脂整理一定要避免甲醛超标；对丝织物的防缩抗皱处理，不仅使蚕丝绸的缩水率下降，且对绸面的光泽和平整度以及手感柔软性等有所改善；对毛织物的防缩处理则是针对其毡缩性进行的，所谓“机可洗”羊毛产品的概念，即羊毛产品在按照使用说明进行机械洗涤的情况下，不会发生毡缩。如今，采用液氨整理技术，织物具有缩水率小、尺寸稳定、手感柔软、弹性好、洗可穿等优点。对纯棉细特府绸织物常用液氨整理后，既防皱，手感又有糯性，还有仿丝绸效果；同时，液氨整理对环境污染小，比以往采用树脂防皱整理更适合环境保护的要求
热定型	主要针对合成纤维及其混纺和交织织物。利用合成纤维的热塑性，将织物在适当的张力下加热到所需温度，并在此温度下加热一定时间。然后迅速冷却，达到永久定型的目的。经热定型以后的织物布面平整光洁，尺寸稳定，具有优异的抗皱性和免烫性，织物的强力、手感、起毛起球性、染色性能等获得一定的改善

5.4.2 外观触感整理

外观整理主要是增进和美化织物外观，改善织物的触感和风格，可谓织物附加层次整理或二度风格整理。

（1）美化外观整理　其工艺特点见表5-9。

表 5-9 美化外观整理工艺特点

工艺名称	特点
增白	又称加白，是指利用光的补色原理，用上蓝和荧光的方式，增加纺织物白度的整理工艺过程。上蓝是在漂白的纺织物上施以很淡的蓝色染料或颜料，借以抵消织物上残存的黄色。增白后的面料比原来白度增强，带有蓝、紫色光，比原来更清爽、漂亮。荧光增白剂还可以用于浅色纺织物，用以增加色泽亮度

续表

工艺名称	特点
剪毛	是剪去织物表面不需要的茸毛的整理工艺过程。剪毛的目的是使织物织纹清晰、表面光洁；或使起毛、起绒织物剪毛后，可将长短不齐的绒毛剪齐，使呢面平整或绒毛平齐，改善外观，减少起球。一般毛织物、丝绒、人造毛皮以及地毯等产品，都需要经过剪毛加工
褶皱	褶皱整理一般应用于纯棉、涤棉和合成纤维织物等。是使织物表面不规则的凹凸折痕，因采用方法不同，可展现不同形状，如柳条形、菱形、爪形等，波纹大小不完全相同，具有一定的随意性，体现出自然别致的风格。不同纤维材料都可起皱，但要使其保持长久，可选用热定型较好的合成纤维或经树脂整理的天然纤维材料，合成纤维织物在一定的温度、压力、时间作用下褶皱整理效果持久，而天然纤维必须经树脂整理后其褶皱耐久性才得以提高
防毡缩整理	防止或减少毛织物在洗涤和服用中收缩变形，使服装尺寸稳定的工艺过程称防毡缩整理。毛织物的毡缩是由于羊毛具有的鳞片在湿态时有较大的延伸性和回弹性，以致在洗涤搓挤后容易产生毡状收缩。故防毡缩整理的原理是用化学方法局部浸蚀鳞片，改变其表面状态，或在其表面覆盖一层聚合物，以及使纤维交织点黏着，从而去除产生毡缩的基础。防毡缩整理织物能达到规定水平的，称为超级耐洗毛织物。经过防毡缩整理的织物可减少毡缩变形，还能减轻起球现象

（2）手感整理　可通过柔软整理和硬挺整理达到所要求的手感，其工艺特点见表5-10。

表 5-10　手感整理工艺

工艺	特点
柔软整理	织物之间摩擦、织物与手之间摩擦阻力大，织物会给人粗糙发硬的感觉。柔软整理的原理就是降低织物之间、纱线之间、纤维之间摩擦阻力和与手之间的摩擦阻力，赋予织物柔软、滑爽的感觉。柔软整理有机械的和化学的两种方法。机械法采用挤压、搓揉等机械方法，使纱线间或纤维间互相松动，以获得柔软效果。化学法是通常是将纺织物在柔软剂溶液中浸渍一定时间，然后脱液、干燥，用柔软剂的作用来降低纤维间、纱线间的摩擦力，使织物获得手软的手感。有时也可以把柔软剂与其他整理剂一并使用。化学法较为常用，有时也辅以机械方法
硬挺整理	又称上浆整理。是利用高分子物质制成浆液，浸轧于织物上，干燥后织物、纤维表面形成皮膜。上浆后的面料比原来的厚实、平整、挺括，程度可通过调节浆液控制，可分为轻浆或重浆；也可在浆液中添加柔软剂、填充剂或荧光增白剂，以获得更多的效果。如用纤维素锌酸钠浆液浸轧棉织物，再经稀酸处理，使纤维素凝固在织物上，可取得较为耐洗而硬挺的仿麻整理效果。需要造型性能较好的服装，面料可进行上浆整理

（3）光泽整理　其工艺特点见表5-11。

表 5-11　光泽整理工艺

工艺名称	特点
轧光	是指利用织物在温热条件下的可塑性，通过机械压力作用，将织物表面的纱线及竖立的绒毛用轧辊将织物压平、压扁、压光，轧出平行的细密斜纹，压出纹理，以增强织物的光泽、光滑、平挺、外观纹理效果的工艺过程。轧光后的织物更薄、更亮泽、更光滑，身骨更好，不容易起毛起球，服装离体，夏季穿着更凉快舒服。轧光机由若干只表面光滑硬辊和软辊组成，硬辊为金属辊，表面经过高度抛光且常附有加热装置，软辊为纤维辊或聚酰胺塑料辊。由硬辊和软辊组成硬轧点，织物经轧压后，纱线被压扁，表面光滑，光泽增强、手感硬挺，称为半轧光。由两只软辊组成软辊点，织物经轧压后，纱线稍扁平，光泽柔和、手感柔软，称为软轧光。使用多轧辊设备，软、硬轧点的不同组合和压力、温度、穿引方式的变化，可得到不同的表面光泽

续表

工艺名称	特点
电光	电光是利用机械压力、温度等的作用，使织物具有细密平行线条的表面和比轧光整理更好的光泽。电光整理机的机械构造原理和加工过程都与轧光整理类似，电光机多由一硬一软两只辊筒组成，所不同的是电光机的硬辊筒表面刻有一定倾斜角度的纤细线条，所以电光整理不仅把织物轧平整，而且在织物表面轧出互相平行的线纹，掩盖了织物表面纤维或纱线不规则排列现象，因而对光线产生规则的反射，获得强烈的光泽和丝绸般的感觉
轧纹（轧花）	轧纹（轧花）是由刻有阳纹花纹的钢辊和软辊组成轧点，在热轧条件下，织物可获得呈现光泽的花纹。轧纹后的织物表面轧有凹凸纹理，增加了织物的花色，立体感强。如全棉轧光布、轧纹布、涤棉轧光布、轧纹布等，非常适用于夏季服装面料；麂皮绒轧纹面料、细灯芯绒轧纹面料等，表面凹凸肌理感强，有很强的装饰效果

（4）绒面整理　其工艺特点见表5-12。

表 5-12　绒面整理工艺

工艺名称	特点
起毛（拉毛、拉绒）	利用刺毛辊上密集的针或刺将织物表层大部分纬纱上的纤维剔起形成疏而长的绒毛，又称拉绒。剔起压力的大小和次数的多少，是保证拉绒质量的关键。机织面料和针织面料都可以用此方法得到绒布。绒毛层可以提高织物的保暖性，改善外观并使手感柔软。起毛主要用于粗纺毛织物、腈纶织物和棉织物等。织物拉绒后变得蓬松、柔软、保暖。如各种印花绒布，可做婴儿服装面料，冬季睡衣面料等；色织条格绒布，可用做休闲衬衫面料等；还有毛织物大衣呢、绒面粗花呢等。如果需要局部起毛织物，可以在不需要起毛的部分采用涂料印花方法，一方面赋予色彩图案，另一方面起封闭纤维作用，由于黏合剂将纤维粘住，使刚刺辊不起作用；在需要起毛的部分采用普通印花方法（非涂料印花）给予色彩，然后经过起毛机拉毛，便可获得局部起毛纹样
缩绒（缩呢）	利用羊毛毡缩性，使毛织物在缩剂、温度和机械力的作用下，纤维之间产生交错毡合的现象，也称缩呢。缩绒整理后织物的幅宽和长度收缩，厚度和密度增加，表面起一层绒毛覆盖织纹，从而增加织物的美观，获得丰满、柔软的手感，增加其保暖性。缩绒尤其适用于粗纺毛织物等产品
磨绒（磨毛）	是指利用金刚砂皮包裹的砂磨辊高速旋转，由砂粒的尖端将织物中纱线表面的纤维勾出并磨成绒毛的整理工艺，又称磨毛。砂磨辊砂粒的大小、织物的组织规格和操作条件的密切配合，关系到磨毛的质量。磨毛以绒毛的短密和均匀程度为主要指标。磨毛（绒）整理可以使经纬纱同时产生绒毛，且绒毛短而密，但不属于微细纤维，如磨绒卡其。若配合上超细纤维的经纬纱，就可获得超细绒毛，使手感更加细腻。如以超细纤维为原料的基布，经过浸轧聚氨酯乳液后磨毛，可获得具有仿真效果的人造麂皮。磨毛后的织物比原来厚实、柔软、温暖，光泽柔和，可改善织物的服用性能。但磨毛（绒）整理也会使织物强力有所下降。若要得到局部磨毛效应，将织物通过所需纹样的凹凸花辊筒和砂皮辊，由于无花纹部分的织物表面能被砂皮磨出毛绒，而花纹部分因凹在下面，接触不到砂辊，故磨不出毛绒，从而形成局部磨毛效应的凹凸花纹图案
静电植绒	利用静电场的作用，将纤维绒毛植入涂有黏合剂的底布上，使织物表面形成耸立的绒毛。按照工艺分有冷喷植绒、雕印植绒、冷喷印花植绒；按照用途分有牛仔植绒、彩色植绒、成衣植绒等。利用不同的植绒工艺和绒料可以开发不同风格的产品，利用电场和空气阻力的交互作用使带电的极化纤维呈现一定的倾角，可以开发高密植绒织物；采用独特丝绒感和柔软感的微细旦绒毛，可以使植绒产品手感软糯；利用合成纤维的热塑性还可以在植绒产品上增加压花、褶皱处理，使植绒产品层次多变，立体感强；将各种彩色片珠及圆珠植在织物上形成各种光泽效果的花卉图案

（5）整旧处理　水洗、砂洗、石磨都是对面料进行的整旧处理的加工方法（表5-13）。经水洗、砂洗、石磨处理后的面料，外观朴素、自然，有穿旧褪色的感觉，表面似有短茸毛，手感柔软、尺寸稳定缩率小。水洗卡其布、灯芯绒、帆布、砂洗电

力纺、真丝绸等，都是常见的经过整旧处理的织物品种。

表 5-13　整旧处理工艺

工艺名称	特点
水洗、酶洗	水洗整理来自石磨水洗牛仔服的启发。牛仔服缝制后要经过洗衣机洗涤，通过加浮石或化学试剂，在机械滚动下，达到局部磨白褪色的效果，形成一种自然破旧的外观风格。借鉴牛仔服的水洗整理工艺，水洗布最早是对棉布进行机械水洗加工，后来逐渐加一些化学药品，如柔软剂或酶类，从而出现了酶洗整理，加工对象也从纯棉布发展到各类纤维面料。无论水洗、酶洗整理，都可使织物因褪色具有自然旧的效果，而且不再缩水、不再掉色，手感柔软、舒适。其中酶洗效果更温和，洗后手感更柔软
砂洗	砂洗整理最早由意大利推出，从采用细砂磨洗丝绸而形成砂洗绸开始，后来发展到利用化学药品进行洗涤，其原理是加膨化剂使纤维膨化，在洗衣机中经过机械摩擦使织物表面产生绒毛，同时加柔软剂，使手感柔软，弹性增加。另外，也可采用机械磨毛机进行加工，达到砂洗的效果。砂洗绸除增厚和起毛外，还有与众不同的“腻”和“糯”的特殊手感。织物经砂洗后，外表有一层均匀细短的绒毛，绒毛细度小于其纤维的细度，使织物质地浑厚、柔软，且有细腻和柔糯的手感，悬垂性好，弹性增加，洗可穿性改善。例如，轻薄光滑的真丝绸，未经砂洗时很娇嫩，弹性差、易褶皱、穿前必须熨烫；而经砂洗后，变得丰厚、富有弹性、悬垂性好、洗后不必熨烫，故砂洗绸服装很受欢迎。随着砂洗技术的成熟，砂洗不仅限于真丝，现在已发展到人造棉、棉、亚麻、苎麻各种纤维制品等
石磨	首先在牛仔服装中引发了石磨水洗整理的风潮。用火山石、次氯酸钠以及其他洗涤剂对牛仔服装进行摩擦、磨毛等处理，制成石磨洗、雪花洗（又称大理石洗）、磨毛等品种，效果很好。如水洗石磨牛仔布，有陈旧感，柔软、舒适、怀旧

5.4.3　功能整理

功能性纺织品开发既可应用功能性纤维原料，也可采用特种整理工艺。功能性整理可以通过浸轧某种整理助剂并采用适当的汽蒸或焙烘工艺使整理剂固着在纤维表面，使面料具有永久性的功能。功能整理的特点是增加织物的耐用性能和赋予织物特种服用性能。

（1）功能整理分类　见表5-14。

表 5-14　织物的功能整理分类

类型	功能	工艺名称
基本整理	尺寸稳定	如拉幅、预缩、防皱（免烫）、热定型等
外观整理	美化织物外观	如增白、烧毛、丝光、轧光、电光、轧纹、起毛、剪毛、缩呢、褶皱、防毡缩整理等
	改善织物手感	如水洗、砂洗、石磨、磨绒整理、割绒整理、柔软整理、硬挺整理等
功能整理	耐用性能	如防霉、防蛀整理等
	特种性能	如阻燃、防污、抗菌、杀虫、抗静电、拒水、拒油污、防水透湿性、保湿隔热性、抗菌防臭性、香味印花整理、织物变色整理等
高级化的整理	高仿真	仿绸整理、仿麻整理、仿毛整理、仿麂皮整理等

（2）各种功能整理简介　见表5-15。

表 5-15　各种织物功能整理的特点

功能整理	特点
防蛀整理	毛织物易受虫蛀。蛀虫的幼虫在生长过程中是以毛纤维为食料的。最早的防蛀方法是在储藏毛织物时放入樟脑或萘，利用它们产生的气体驱除蛀虫，防蛀效力不高，且不持久。染整生产中最常用的防蛀整理方法是对毛织物进行化学处理，毒死蛀虫以达到防蛀目的。化学的防蛀整理剂无色无臭，对毛织物有直接性效果，比较耐洗而无损于毛织物的服用性能，且使用方便，可以按酸性染料染色法进行处理，防蛀效果良好，在一般服用情况下，对人体未见显著毒性。将毛织物进行化学变性也可获得防蛀效果，纤维变性防蛀法在生产上尚未大量应用
防蛀整理	毛织物易受虫蛀。蛀虫的幼虫在生长过程中是以毛纤维为食料的。最早的防蛀方法是在储藏毛织物时放入樟脑或萘，利用它们产生的气体驱除蛀虫，防蛀效力不高，且不持久。染整生产中最常用的防蛀整理方法是对毛织物进行化学处理，毒死蛀虫以达到防蛀目的。化学的防蛀整理剂无色无臭，对毛织物有直接性效果，比较耐洗而无损于毛织物的服用性能，且使用方便，可以按酸性染料染色法进行处理，防蛀效果良好，在一般服用情况下，对人体未见有显著毒性。将毛织物进行化学变性也可获得防蛀效果，纤维变性防蛀法在生产上尚未大量应用
防霉防腐整理	在温热条件下，纺织品含有浆料和脂肪等物质时，微生物很容易繁殖，细菌、放线霉、霉菌所分泌的酶能把纤维分解成为它们的食料而造成纤维损伤。防霉防腐整理一般是在纤维素纤维织物上施加化学防霉剂，以杀死或阻止微生物的生长。为了防止纺织品在储藏过程中霉腐，可用对产品色泽和染色牢度无显著影响、对人体健康也比较安全的水杨酸等防腐剂处理，效果较好；对于露天淋雨条件下使用的纤维素纤维纺织品，可用比较耐水淋洗的防腐剂进行浸轧处理；纤维素纤维经过变性处理后，也有良好的防霉防腐性能
拒水	用化学拒水剂处理，使纤维的表面张力降低，致使水滴不能润湿表面的工艺过程称为拒水整理，又称透气性防水整理。适用于雨衣、旅游袋等材料。织物的拒水整理效果还与织物的组织结构有关。经过拒水处理的织物仍能保持其透气性。拒水整理按拒水效果的耐久性能，可分为半耐久性和耐久性两种。前者处理简便，价格低廉，主要用于棉、麻织物，也可用于丝绸和合纤织物。后者主要用于棉、麻织物。加用有机硅拒水整理剂则不仅适用各种纤维织物，使织物具有良好而且较耐洗的拒水性能，并能增加织物的撕破强度，改善织物的手感和缝纫性能
拒油整理	用拒油整理剂处理织物，在纤维上形成拒油表面的工艺过程称为拒油整理。整理后织物拒油表面张力低于各种油类的表面张力，使油在织物上成珠状而不易透入织物，从而产生拒油效果。经过拒油整理的织物，兼能拒水，并有良好的透气性。主要用于高级雨衣和特种服用材料
阻燃（防火）整理	纺织物经过某些化学品处理后，能阻止织物燃烧，或使纺织品燃烧速度放慢，离开火焰后不燃烧，这种处理过程称为阻燃整理，也称防火整理。纺织品的燃烧是一个复杂的过程，它们的易燃性除了纤维的化学组成以外，还和织物结构以及织物上染料等物质的性质有关。纤维素纤维织物容易燃烧，所以对其阻燃性的整理研究得最多。有的有较好的阻燃效果，有的具有耐洗的阻燃性和防皱性，但织物的断裂强度和撕裂强度有所降低。纤维素纤维的阻燃方法很多，应用也较广泛。涤纶是合成纤维中应用最广的品种；燃烧时熔融，熔融体落下能阻碍继续燃烧。涤/棉混纺织物燃烧时，棉纤维生成炭化物，使涤纶纤维熔融体落下受阻，燃烧不易熄灭，可用磷酸三酯等作整理剂。羊毛的回潮率和受热分解气体的着火点都比较高，而羊毛本身的含氮量又高，因此羊毛不易燃烧且着火后有自熄性，其阻燃整理主要是利用铁盐和锆盐与纤维生成络合物，通常在织物染色后进行
易去污和防污整理	易去污整理是指织物在沾污后，在通常的洗涤条件下容易去污，水洗涤时不易再沾污的化学整理工艺。织物在穿着过程中，由于吸附空气中的尘埃和人体排泄物以及沾污而形成污迹。特别是化学纤维及其混纺织物，容易带静电吸附污垢，并且由于表面亲水性差，洗涤中水不易渗透到纤维间隙，污垢难以除去，又因表面具亲油性，所以悬浮在洗涤液中的污垢很容易重新沾污纤维表面，造成再污染。易去污性的基本原理，是增加纤维表面的亲水性，降低纤维与水之间的表面张力。方法是在织物表面浸轧一层亲水性的高分子材料，以改善合成纤维及其混纺织物的易去污性。易去污整理后，还可增加织物的抗静电性，穿着舒适、手感柔软，但织物的撕破强度有所下降。 防污整理是指衣物在穿着使用过程中，不易被水性污垢和油性污垢所润湿、沾污，不易因静电吸附尘埃和微粒

续表

功能整理	特点
防静电整理	纤维、纱线或织物在加工或使用过程中由于摩擦而带静电。纤维带静电后，容易吸附尘垢而造成沾污；在加工过程中，静电会使加工变得困难；带有静电的衣服，则会贴附人体或互相缠附。当积聚的静电高于500V时，因放电而产生火花，会引起火灾；高于8000V时，则会产生电击现象。纤维积聚静电与其吸湿性有关。化学纤维吸湿性很低，表面电阻高，因而容易积聚静电。为了改变这种状况，用化学药剂施于纤维表面，增加其表面亲水性，提高纤维表面的吸湿性，以防止纤维上积聚静电；或者通过纤维中添加炭黑、加入导电金属丝等方式来实现
抗菌防臭整理	织物的抗菌防臭后处理，也称为“卫生整理”，这种处理的主要手段是采用对人体无害的抗菌物质，通过化学结合使它们能够保留在织物上，经过后来的缓慢释放达到抑菌的作用 其中最有名的就是有机硅季铵盐法，它既能与纤维素纤维发生化学结合，又能自身缩聚成膜，因此，它不仅可用于纤维素纤维，也可用于涤纶、尼龙等合成纤维和它们的混纺交织产品，均能形成较好的抗菌耐久性。有机硅季铵盐处理后的织物具有良好的抗菌性，例如对白癣菌、大肠杆菌、念珠菌和铜绿假单胞菌等均有抑制作用。防臭抗菌整理适用于睡衣、被褥、内衣、内裤、运动服、工作服、袜子及毛巾等。另外还有其他抗菌剂的卫生整理方法，也都有一定抗菌防臭作用
热熔黏合整理	是将一层或多层织物叠合在一起。通过加压黏结成一体，也可以是织物与高聚物薄膜或非织造布、毛皮、皮革等材料黏结在一起，形成新型面料，又称为复合面料、层压面料或层叠面料。主要用于合成纤维织物，如织物与不同厚度的聚氨酯（PU）、聚四氟乙烯（PTFE）、亲水性聚酯（PET）、聚乙烯（PE）、聚丙烯（PP）等热塑性薄膜复合的布薄膜复合面料，针织布、梭织布、绒布、羊羔绒布、海绵、麂皮绒、摇粒绒、网眼布、毛圈布、非织造布等相互复合的布布复合面料，以及布膜布类复合面料等。热熔黏合整理的产品具有优良的黏合牢度和撕破强度，柔软、挺括，适合做各种时装、休闲装、保暖服装以及服饰品，也可作为装饰布、工业用布等

5.4.4 涂层整理

涂层整理技术是在各种织物表面均匀地涂上一层膜状覆盖物，使织物产生防水、防羽绒、防透湿、体现特殊外观效果等功能。随着合成高分子化合物的发展，涂层产品种类繁多，并从只获得单纯的表面效果而转向功能化。例如，锦纶纤维织物或锦纶与棉、聚酯等混纺交织产品，经PU涂层、闪光涂层、遮光涂层、树脂整理，使织物表面产生网状效果、上蜡效果和皮革效果；例如，表面具有金属亮光或珠光的面料，是在织物上涂有含金银粉（实际是铜铝粉）或仿珍珠粉的涂料而制成；油光布是在织物表面涂以透明的光亮剂；夜光织物是用夜光涂料涂在织物上，能在黑暗中放光彩；仿动物皮革面料，除了仿一般牛羊皮外，还能仿各种珍贵皮革，如鱼鳞皮、鳄鱼皮、鸵鸟皮、蛇皮等。它是用涂料在织物表面涂成仿动物皮的图案色泽，经轧纹整理后得到皮革表面的纹路（包括毛孔），外观上可以假乱真。许多织物的特殊功能，也可以通过涂层的方法获得。例如，可获得既透湿又防水效果的织物，可制得具有防火阻燃功能的涂层织物，具有导电、防热辐射等性能的织物，具有灭菌止疼效果的织物，具有驱蚊效果的织物，具有夜光、闪光、反光功能的织物等。另外，如在织物表面涂上不同功能的涂料，便可分别得到防水、防油、防火、防紫外、防静电、防辐射等功能性涂层织物。涂层整理工艺从最初的雨衣发展到滑雪衫、羽绒服，从服用纺织品发展到产业用纺织品，产品种类越来越丰富，织物性能越来越完善。

5.4.5 纳米整理

物质颗粒直径小于$\phi100nm$的粉粒集合体称为纳米微粒，它具有热、磁、光敏感特性和表面稳定性。纳米整理技术是在织物的后整理过程中将纳米材料添加到织物整理剂中或以涂层方式复合，直接对织物进行表面改性，在纤维表面形成纳米级凹凸结构，使织物微观结构发生变化，从而赋予织物某种特殊的功能。这种后整理方法可以用于各种织物（尤其对天然纤维织物），工艺比较简单。应用纳米技术可以开发抗菌纤维织物、抗紫外线织物，用这些织物做成的服装具有良好的功能性。

5.4.6 仿真整理

仿真整理是一种通过整理方式使某些低档原料的产品具有高档原料产品的风格，通常是使某种合成纤维的产品具有某种天然纤维织物的风格，也可使某种天然纤维的产品具有某种合成纤维织物的风格和性能，如仿毛、仿棉、仿麻、仿丝绸、仿兽皮、仿革等整理。

第6章 新纤维及新面料

- 彩色棉花
- 竹纤维
- 表面变性羊毛
- 拉细羊毛
- 彩色羊毛
- 改性真丝
- 蜘蛛丝
- Lyocell 纤维
- 竹浆纤维
- 竹炭纤维
- 甲壳素纤维
- 海藻纤维
- 大豆纤维
- 牛奶纤维
- 玉米纤维
- 超细纤维
- 远红外纤维
- 防电磁辐射纤维
- 其他纤维

随着科技进步，近年来人们又开发出了各种新纤维、新面料。新纤维、新面料的发展更加注重环境、安全、健康和舒适性。功能化、智能化纤维，无公害、环保纤维以及特种实用型纤维的大量涌现，为服装的发展提供了原料基础。

这些新纤维有别于普通的天然纤维和合成纤维，它们或具有更全面、更优良的服用性能；或具有远比普通纤维更高的某些独特的功能，如调温、保温、发光、变色、防中子和微波辐射以及智能化材料等；或通过多种化学和（或）物理的新型后整理技术，赋予纺织面料抗菌、防臭、防霉、防污、阻燃、拒水等保健、卫生、安全、易保养等功能；或通过新型的染色、印花、整理技术，如数码印花技术、转移印花技术、酶处理技术等，使纺织、服装产品的技术含量大大增加，附加值得到提高。随着国际环保思潮的兴起，纺织纤维、服装面料正向环保、节能、健康安全方面发展。但新型纤维的蓬勃发展使纤维之间的分类逐步模糊而变得密布可分，下面不再分类而逐一介绍。

6.1 彩色棉花

除了白色棉花之外，自然界也存在着一些彩色棉花品种。在我国，很早以前也有种植和利用天然彩色棉花的历史。虽说自然界早就存在着彩色棉花，但由于天然彩色棉花其纤维通常比较粗短，可纺性能差，不适合机械加工，因此，在现代纺织工业中，彩色棉花资源一直未得到人们的开发利用。直至20世纪70～80年代后，随着国际社会对环境问题的日益重视及人们崇尚自然的兴起，科学技术（包括生物技术）也得到了飞速发展，人类才有能力按照我们的意愿去改造和利用这些植物，因此，借助于生物技术的发展，世界各国（如中国、美国、秘鲁、埃及、墨西哥、俄罗斯及中亚一些国家）纷纷开展了彩色棉花的研究，并已取得了初步的成果。

现代的天然彩色棉是人工改变植物基因而生产出来的有色棉纤维，因为天然彩色棉花具有天然的色彩，不需要经过传统的印染加工，由它制成的色纱和纺织品几乎不受任何污染，纱、布上不含有染色料残留的化学毒素，避免了生产过程中的环境污染问题，和对人体的直接伤害，是一种绿色、环保产品，特别适合制作接触皮肤的衣物，如婴儿用品，以及各种内衣、睡衣、运动休闲服装、家用纺织品等。

目前技术成熟的天然彩色棉（图6-1）仅有棕色和绿色两种基本色泽。天然彩色棉纤维色素不稳定、颜色不鲜艳，成熟的彩色纤维经过温水或热水加碱洗涤后，纤维色彩的鲜艳度还会增加。与白棉相比，彩棉的长度短于白棉，强度偏低，短绒率高于白棉，目前彩色棉一般采用与白棉的混纺加工，以此来改善纱线的条干、强力，增加色泽、鲜艳度。

图6-1　天然彩色棉

6.2 竹纤维

中国是世界上竹类品种最多的国家。我国早在 5000 年前就开始了对竹的开发利用，制造箭矢、书简、笔管、编制竹器以及造纸等。我国的竹资源非常丰富，种植面积达 420 万公顷，位居世界第一位。竹自身就具有天然抗菌性，在生长过程中无虫蛀、无腐烂，也无须使用任何农药。

现在市场上出现的竹纤维有两种，一种叫竹原纤维，而另一种则为竹浆粘胶纤维。前者是纯粹的天然纤维，属绿色环保型纤维，纤维性能优异，具有特殊的风格，服用性能极佳，保健功效显著。后者则属于化学纤维中的再生纤维素纤维，并不是真正意义上的竹纤维。

竹原纤维是将生长12～18个月的慈竹，锯成生产上所需要的长度，浸泡在特制的脱胶软化剂中，再采用机械、蒸煮等物理的方法去除竹子中的木质素、糖类、果胶等杂质，再经脱胶工艺，从竹材中直接分离出来的纯天然竹纤维。竹纤维是由我国自主研发的新型天然植物纤维，是继麻纤维后又一具有发展前景的生态功能性纤维。

竹原纤维是一种天然多孔、中空、多缝隙纤维，与苎麻纤维粗细相似，比棉花、羊毛等天然纤维粗，具有良好的吸湿性、渗透性、放湿性及透气性。日本纺织协会权威机构经过检测也证实，竹纤维不仅具有天然抗菌、抑菌、除臭作用，还能有效地阻挡紫外线对人体的辐射。因为竹纤维的天然抗菌性，纤维在服用上不会对皮肤造成任何过敏性反应，织物经过反复洗涤、日晒也不会失去抗菌作用，这与在后整理过程中加入抗菌剂的纤维织物有很大的区别。它也是一种可降解的纤维，并在泥土中能完全分解，对周围环境不造成损害，是一种真正意义上的天然环保型绿色纤维。但竹原纤维中的木质素含量很高，难以除去；单纤维太短，可纺性差，产量不多。

6.3 表面变性羊毛

羊毛是宝贵的纺织原料，它在许多方面都具有非常优越的性能。羊毛一般用作春秋、冬季服装的原料，但要使羊毛也能成为夏令贴身穿着的理想服装，必须解决羊毛的轻薄化、防缩、机可洗及消除刺扎感等问题。因此，人们寻找到了一些对羊毛进行变性处理（也有人称它为羊毛的丝光处理）的方法，以剥除和破坏羊毛鳞片，处理过后不仅使羊毛获得永久性的防缩效果，而且使羊毛纤维细度变细，纤维表面变得光滑，富有光泽，纤维强度提高，染色变得容易，染色牢度也好。

羊毛的表面变性处理极大提高了羊毛的应用价值和产品档次，如以常规羊毛进行变性处理，能使羊毛品质在很大程度上得到提高。纤维细度明显变细，手感变得更加柔软。纤维光泽增强，纤维表面变得很光滑，在一定程度上具有了类似山羊绒的风格，用它制成毛针织品和羊毛衬衫，除了具有羊绒制品柔软、滑糯的风格手感外，变性羊毛制品还有羊绒制品不可比拟的优点。如它有丝光般的光泽且持久，抗起球效果好，耐水洗，能达到手洗、机可洗甚至超级耐洗的要求，服用舒适，无刺痒感，纱线强力好且产品比羊绒制品更耐穿。此外，它还有白度提高、染色性好、染色和印花更鲜艳等优点。目前，国内已有不少厂家利用变性羊毛开发了许多高档的羊毛制品。

6.4 拉细羊毛

拉细羊毛是在特定条件下，利用物理方法对普通羊毛牵引拉伸，在受力的状态下加以定型的羊毛。拉细羊毛在细度上会达到甚至小于山羊绒的细度，其长度则可达到山羊绒的3～4倍。同时纤维卷曲减少，且由于鳞片结构发生变化，使其表面更光滑；纤维截面呈多边形；纤维刚度比普通羊毛低，手感特别柔软，特别是在湿态时更为明显。织物的面料呢面细腻，光泽明亮，质地轻薄、爽挺、挺括、悬垂性好，提高了服装的服用舒适性。

6.5 彩色羊毛

彩色羊毛是给绵羊喂食某种金属微量元素，可以改变羊毛的颜色，如喂铁元素可使绵羊毛变成浅红色，喂铜元素可使毛变成蓝色，目前已培育出鲜艳的红色、天蓝色、金铜色、棕色等奇异颜色的彩色绵羊毛。用彩色绵羊毛制成的毛织品，经风吹、日晒、雨淋和洗涤，其毛色依然鲜艳如初，毫不褪色。彩色羊毛因为不需染色，不含

有染料残留的化学物质，由于未被腐蚀，因此韧度很高，质地坚固、耐磨、耐穿、不易损坏、使用寿命长，是一种绿色纤维。

6.6 改性真丝

真丝是一种具有保健功能的理想的针织原料，一般分为生丝和熟丝两种。新型的真丝原料是对真丝进行深加工，生产出分纤丝、真丝变形丝、弹性绢丝、记忆性绢丝和复合真丝等改性真丝原料。

（1）分纤丝　它是采用低温药剂煮茧、低张力缫丝而成，茧丝具有互不黏结，柔软、蓬松等特点，延伸率比生丝提高3%～5%，是理想的针织原料。

（2）真丝变形丝　它是将生丝分别向左右施加捻回卷绕于筒子上，经精炼后在较高温度和压力下使其成为具有卷曲和蓬松性的变形真丝原料。

（3）弹性绢丝　它是将强捻与未加捻生丝合并加弱捻后精炼而成，其弹性与防皱性与羊毛相似。

（4）记忆性绢丝　它是使绢丝加捻时吸收丝素溶液，后经高温高压处理使其记住加捻时的形态，再退捻得到记忆性绢丝。

（5）复合真丝　它是利用真丝与其他纤维复合而成，如蚕丝与锦纶、涤纶长丝一起缫丝，复摇时因两者收缩的差异而分离；缫丝中蚕丝随机地被空气涡流缠绕在锦纶、涤纶长丝上；对锦纶、涤纶长丝等芯丝加假捻；从煮熟茧中抽茧丝螺旋式包覆于芯丝上等多种。

6.7 蜘蛛丝

蜘蛛丝呈金黄色、透明，它的横截面呈圆形。蜘蛛丝的平均直径为6.9μm，大约是蚕丝的一半，是典型的超细、高性能天然纤维，强度超过钢材，同时还具有质轻、抗紫外线、相对密度小、耐低温等特点。

蜘蛛丝的主要成分是蛋白质，这种蛋白质含有大量的丙氨酸和甘氨酸。研究发现，含丙氨酸的蛋白质排列成紧密的褶皱结构，呈晶状体，具有很高的强度；而含甘氨酸的蛋白质分子排列却杂乱无章，具有极好的弹性、伸长、韧性。

天然蜘蛛丝主要来源于结网，产量非常低，而且蜘蛛具有同类相食的个性，无法像家蚕一样高密度养殖。所以要从天然蜘蛛中取得蛛丝产量很有限。随着现代生物工程发展，利用转基因蚕打造人造蜘蛛丝，转基因蚕吐出的纤维含有弹性和延展性更高的蜘蛛丝蛋白，这种纤维的力学性能远远超过蚕丝纤维，可用作高性能的生物材料，如人工关节、人造肌肉、韧带、假肢、组织修复、神经外科，更适用于需要更细缝线的手术，例如眼睛、神经和整容手术。它最大的特点是和人体组织几乎不会产生排斥反应。从蜘蛛身上抽取出蜘蛛基因植入山羊体内，让羊奶具有蜘蛛丝蛋白，再利用特殊的纺丝程序，将羊奶中的蜘蛛丝蛋白纺成人造基因蜘蛛丝，这种丝又称为生物钢。用这种方法生产的人造基因蜘蛛丝比钢强4~5倍，而且具有如蚕丝般的柔软和光泽，可用于制造高级防弹衣，还能制造战斗飞行器、坦克、雷达、卫星等装备的防护罩等。

6.8 Lyocell 纤维

Lyocell纤维（莱赛尔纤维），它是以一种新的有机溶剂溶解纤维素后进行纺丝制得的一种再生纤维素纤维。这种溶剂可回收循环利用，改变了粘胶纤维生产中使用有毒二硫化碳和大量酸碱状况，因此工业发达国家已减少了粘胶的生产量，因此Lyocell纤维脱颖而出，它也有环保型纤维、绿色纤维美誉，废弃后的纤维在泥土中能完全分解，大大降低了对环境的污染。

Lyocell纤维面料在湿态下，经机械外力摩擦作用，会产生明显的原纤化现象，这种现象表现为纤维纵向分离出更细小的原纤，在面料表面产生毛羽。Lyocell原纤化的特性使这种纤维织物成品风格有两种类型：一种为利用纤维的原纤化特性，通过初级原纤化、酶处理和二次原纤化，生产出桃皮绒风格的产品；另一种为在酶处理后不进行二次原纤化，生产出表面整洁的光洁面积物。另外，Lyocell面料制成的服装经过多次日常洗涤后的严重原纤化，使服装具有很强烈的陈旧感。

Lyocell纤维具有棉纤维优良的吸湿性、舒适性，粘胶纤维的悬垂性和色彩鲜艳性，又具有真丝的柔软手感和优雅光泽，可以纯纺，也可与其他天然纤维、合成纤维或再生纤维混纺、交织或复合，可开发出高附加价值的机织，针织时装织物及运动服织物、休闲服织物、牛仔织物、装饰织物、产业用织物等。也可做成非织造布、纸张与过滤材料等。

需要说明的是，Lyocell是纤维大类的名称，普通型Lyocell纤维包括长丝与短纤。Lyocell长丝主要以Akzo Nobel公司的Newcell®为代表，Lyocell短纤主要有Tencel®、Alceru®、Cocel®、Acell®等，这些品种都是以木浆粕为原料，纺丝过程中溶剂NMMO的回收率可达 99% 以上。因为在Lyocell这种大类纤维中，除了Tencel®之外，还有其他的品牌，天丝®、Tencel®只是某家公司生产的Lyocell纤维的商标名，表征的是一种纤维产品的商标，而不是纤维成分的分类。既然是商标名，那么就需要加上注册商标的符号，因此，“天丝”、“Tencel”都是错误的表述，应该是“天丝®”、“Tencel®”。

6.9 竹浆纤维

竹浆纤维，又称再生竹纤维或竹粘胶纤维，是近年来我国自行研发成功的一种再生纤维素纤维，是以竹子为原料，经过特殊的工艺处理，把竹子中的纤维素提取出来，再经过制胶、纺丝等工序制造而成。但竹浆纤维在加工过程中竹子的天然特性容易遭到破坏，导致竹浆纤维的除臭、抗菌、防紫外线的功能相对于竹原纤维明显下降。

竹浆纤维的强伸性略优于普通粘胶纤维，干湿初始模量也略高于普通粘胶纤维，竹纤维比普通粘胶纤维有更好的加工性能和服用性能。

竹浆纤维和普通粘胶纤维在标准大气压下具有相似的吸湿、放湿性能。适合制作夏季服装、运动服和贴身衣物。对酸碱的稳定性比普通粘胶纤维要差，染色性能优于棉和粘胶纤维，耐热性能不如普通粘胶纤维。

竹浆纤维面料吸湿性好，手感柔软，悬垂性好，上色容易，色泽亮丽，可用来制作内衣、T恤、袜子、医用卫生材料、家用纺织品等。

6.10 竹炭纤维

竹炭是竹材资源开发的又一个全新的具有卓越性能的环保材料。将竹子经过800℃高温干燥炭化工艺处理后，形成竹炭。竹炭具有很强的吸附分解能力，能吸湿干燥、消臭抗菌并具有负离子穿透等性能。竹炭纤维则是运用纳米技术，先将竹炭微粉化，再将纳米级竹炭微粉经过高科技工艺加工，然后采用传统的化纤制备工艺流程，即可纺丝成型，制备出竹炭纤维。

竹炭纤维独特的内部微多孔结构，使其具有超强的吸附能力和除臭功能、抗菌防霉、远红外功能、自动调节湿度、吸湿快干和优异的服用性能。由于竹炭纤维特殊的分子结构和超强的吸附能力，使其具有弱导电功能，能起到防静电、抗电磁辐射作用。

目前，竹炭纤维制品正走向人们的生活，应用于内衣裤、儿童服装、睡衣、袜子、衬衫、家纺、运动休闲服饰。

6.11 甲壳素纤维

甲壳素即甲壳质，是广泛存在于甲壳类动物，如虾、蟹等节肢动物的壳体及菌类、藻类的细胞壁中的天然高聚物，由甲壳质溶液再生改制形成的纤维称为甲壳素纤维。具有良好的生物活性、生物相容性和生物可降解性，无毒、无刺激性，有消炎、抑菌、镇痛等功能，与人体组织有很好的相容性，可被人体内溶菌酶分解而被人体吸收，已广泛应用于医疗领域。

甲壳素纤维可纺制成长丝和短纤维两大类。甲壳素长丝捻制成医用缝合线，使用后不用拆线，可被人体吸收，减轻了患者的痛苦，还能加速伤口愈合。或切成一定长度的短纤维可制成各种非织造布医用敷料被称为人造皮肤，具有透水透气、抗菌消炎、控制感染、促进皮肤再生作用的功效。甲壳素短纤维还可进行纯纺或与天然纤维混纺棉、毛、麻、丝及其他化纤混纺，在混纺织物中其含量在2.5%以上，织物便具有良好的抑菌性能。主要用于制作各种保健内衣、童装、运动衣、抗菌防臭袜、抑菌医用护士服、医用救护用品以及床上用品等。

甲壳素纤维是一种可降解的环保型生物纤维，它来自于自然界，废弃后可被微生物分解，完全符合当代人类对纺织品的绿色、环保、安全的着衣要求。目前，甲壳素纤维已实现批量生产，但成本仍较高，主要用于医疗卫生领域。用于纺织品时，主要利用其优良的抗菌性能，开发抗菌防臭产品，但由于其强力偏低，价格偏高，主要采取混纺或交织的方法，以改善使用性能和降低产品成本。织成的纺织品多制作内衣、袜类等有抗菌防臭功能的用品。

6.12 海藻纤维

海藻炭是天然的海藻类（海带、马尾藻等）经过特殊窑烧成的灰烬物。海藻炭含钠量少，含有丰富矿物质，化学成分多，也含一些藻盐类成分。在抽出海藻炭内的藻盐类后，以特殊的制造程序将海藻炭烧成黑色，黑色化的海藻炭便具有良好的远红外线放射效果。

海藻纤维是将海藻类的碳化物粉碎成为超微粒子，再与聚酯溶液或聚酰胺溶液等混炼纺制予以抽丝、加工而成的纤维。这种纤维可以与天然棉或其他纤维混纺纺成纱线，一般只要使用15%～30%的海藻纤维就具有良好的远红外线放射功能，可以编织成具有远红外线放射功能的各种织物，应用在袜子以及内衣等产品上。

6.13 大豆纤维

大豆纤维，主要原料来自大豆榨完油后的大豆粕，属于再生植物蛋白纤维。大豆纤维的单丝细度小、相对密度小、强伸度高、耐酸耐碱性强、吸湿导湿性好，具有羊

绒般的手感、蚕丝的柔和光泽、棉纤维的吸湿性、羊毛的保暖性，还有明显的抑菌功能，被誉为“新世纪的健康舒适环保纤维”。

大豆纤维与长绒棉混纺可用于生产春、秋、冬季的薄型绒衫；用大豆纤维与真丝交织或与绢丝混纺制成的面料，既能保持丝绸亮泽、飘逸的特点，又能改善其悬垂性，消除产生汗渍及吸湿后贴肤的特点，是制作睡衣、衬衫、晚礼服等高档服装的理想面料。

此外，大豆纤维与亚麻等麻纤维混纺，是制作功能性内衣及夏季服装的理想面料；与棉混纺是制造高档衬衫、高级寝卧具的理想材料；或者加入少量氨纶，手感柔软舒适，用于制作T恤、内衣、沙滩装、休闲服、运动服、时尚女装等，极具休闲风格。

6.14 牛奶纤维

牛奶纤维是以牛乳作为基本原料，经过脱水、脱油、脱脂、分离、提纯，使之成为一种具有线型大分子结构的乳酪蛋白，利用接枝共聚技术将分离、提纯的蛋白质分子与其他高聚物制成含牛奶蛋白的纺丝浆液，再经湿法纺丝工艺制成长丝或切断成短纤维，人们又称它为牛奶丝、再生牛奶蛋白纤维等。由于100kg牛奶中只能提取4kg蛋白质，所以制造成本高，产品的竞争力并不强。

牛奶纤维具有羊绒般的手感，其单丝纤度细，相对密度小，断裂伸长率、卷曲弹性、卷曲回复率最接近羊绒和羊毛，纤维蓬松细软，轻盈保暖；具有丝般的天然光泽，上染率高；具有天然抑菌功能，比羊毛、羊绒防霉防蛀；强度高，耐穿耐洗，易贮藏；水洗后易干，洗涤后仍可保持产品永久性能。

牛奶蛋白纤维可以纯纺，也可以和羊绒、蚕丝、绢丝、棉、毛、麻等纤维进行混纺，织成具有牛奶纤维特性的织物，可开发高档内衣、衬衫、家居服饰、男女T恤、牛奶羊绒裙、休闲装、家纺床上用品等。

6.15 玉米纤维

玉米纤维即聚乳酸纤维或PLA纤维，是以玉米、小麦等淀粉为原料，经发酵转化成乳酸再经聚合，纺丝而制成的合成纤维。它具有生物降解性，不污染环境，并且具有良好的生物相容性和生物可吸收性。被称为“21世纪的环境循环材料”。

玉米纤维质轻、柔软，有柔和优雅的光泽，有良好的芯吸性、吸水、吸潮性能以及快干效应，其断裂强度和断裂伸长率都与涤纶接近，制成的织物强力高、延伸性好、手感柔软、悬垂性好、富有光泽和弹性，非常适合制作内衣、运动服装。

玉米纤维具有耐紫外线、耐热性好，发烟量少、燃烧热低、自熄性较好、耐洗涤性好的特点，特别适合制作室内悬挂物（窗帘、帷幔等）、室内装饰品、地毯等产品。

玉米纤维具有生物可降解性，在人体内也可以经过降解而被吸收。目前，玉米纤维在医用绷带、一次性手术衣、防粘连膜、尿布、医疗固定装置等方面已经得到广泛应用。

6.16 超细纤维

化学纤维中，常规纤维单纤细度通常在1.11dtex（1.0旦）以上。超细纤维实际上是一个统称，目前国际上尚未有一个统一的定义。一般来说，单纤细度接近或低于1.11dtex（1.0旦）的化学纤维都可以统称为超细纤维（或微细纤维），最细可达0.01dtex，甚至更小。

根据纤维的基本性能和大致应用范围可进一步细分，见表6-1。

表 6-1　纤维的分类

纤维分类	特点
细特纤维	将单纤线密度范围在0.55～1.44dtex (0.5～1.3旦) (涤纶，直径约7.2～11μm)的纤维定为细特纤维（也称细旦纤维）。细特纤维的细度和性能与蚕丝比较接近，因此可采用传统的织造工艺对其进行加工。其产品风格与真丝比较接近，是仿真丝产品的主要原料
超细纤维	超细纤维的单纤线密度为0.33～0.55dtex(0.3～0.5旦)(涤纶，直径约5.5～7.2μm)。超细纤维主要用于高密防水透气织物以及一般的起毛织物和高品质的人造麂皮、仿桃皮绒等织物的生产
极细纤维	极细纤维的单纤线密度范围是0.11～0.33dtex(0.1～0.3旦) (涤纶，直径约3.2～5.5μm)。其主要可用于人造皮革、高级起绒织物、防水透气织物等高技术产品
超极细纤维	超极细纤维的单纤线密度范围是0.11dtex(0.1旦) (涤纶，直径约0.03μm)。超极细纤维多用非织造方法进行加工，产品主要用于仿麂皮、人造皮革、过滤材料和生物医学产品等

纤维细度由粗到细不是简单的数量变化，伴随纤维变细，其面料在外观、手感以及服用性能等方面都发生了质的变化。

超细纤维与常规细度的化学纤维相比更加柔软，织成的面料变得更加柔软、滑糯、悬垂性好，所以面料平滑、柔韧性大成为超细纤维面料最大的特点。

超细纤维具有芯吸作用，虽然合成纤维的超细纤维本身不吸水，但纤维变细，其比表面积明显增大，织物毛细芯吸效应明显增加。通过纤维之间的孔隙传输水分，大大改善了织物的吸湿性，使人体皮肤保持干燥，提高了织物的热湿舒适性。

超细纤维有利于织制高密防水透气（湿）织物，这种织物的防水原理是：一般情况下，水滴直径较大，在100～3000μm，而水蒸气的直径与水滴相比则非常小，约为0.0004μm，直径还不到水滴的百万分之一。利用超细纤维制成高密织物，纱线之间的

空隙可以使人体蒸发的水蒸气通过，但外界的雨滴由于粒径较大而无法通过，即达到了防水透气（湿）的目的。所以穿着透湿透气的舒适性是超细纤维面料的另一个显著特点，特别是高密面料，不做涂层处理仍可保持其拒水、防风、透湿的功能，用这种织物制成的雨衣穿着舒适，没有闷热感。

虽然超细纤维的绝对强力低，但由于超细纤维细，相同细度的纱线截面的纤维根数比常规纱多，所以其纱的总强度仍然较高，从而一方面有利于面料的起绒或砂洗处理，以制备仿麂皮、仿天鹅绒、桃皮绒等高档面料，同时，又使面料具有较好的耐磨性、抗皱性、免烫性等使其实用性能也大大提高。

从光泽上看，超细纤维对光线的反射比较分散，使得产品光泽柔和。所以说，超细纤维仿真丝产品，其轻薄、飘逸、滑糯、手感好、光泽柔和、色泽艳丽的特点更加突出。

由于纤维较细，故单位细度的纱线中所包含的纤维根数比普通纤维多,纤维的比表面积大，纤维表面黏附的静止空气层较多，形成的织物较丰满，保暖性、覆盖性好。

另外，超细纤维面料的去污性增强，是因为超细纤维与接触物体的接触面积增大，增大了刮削作用、吸附作用和过滤作用，可以高吸水、高吸油，具有高效的清洁能力。

但超细纤维面料的不足是染色性能不佳，易染花，不易上染深色。

超细纤维的出现给合成纤维带来新的外观和服用性能。在面料开发中，通过不同细度的选择还能开发出具有不同风格以及性能的新型纤维。如针织仿真丝产品一般采用0.55～1.1dtex(0.5～1旦)异形截面涤纶超细纤维，桃皮绒类针织物采用小于0.33dtex(0.3旦)的长丝或复合丝，仿麂皮织物采用0.11～0.22dtex(0.1～0.2旦)超细涤纶长丝作为织物的毛绒层等。目前这种超细纤维主要用于制作仿真丝面料、防水透气高密织物、防水防风防寒的高密织物、桃皮绒织物、羽绒服面料、高吸水材料以及用于仿麂皮织物等。此外，超细纤维还广泛用于内衣、运动服用料、高性能的清洁布、人造皮革基布、高吸水材料等产品，而极细纤维可用于过滤材料、人造器官等。

6.17 远红外纤维

远红外线是太阳光中不可见的电磁波，它的波长为4～1000μm，而远红外纤维中的电磁波波长范围为4～14μm之间。通过在聚酯或聚丙烯中混入具有较高远红外线发射率的陶瓷微粒，即可制得永久性的远红外纤维，远红外线具有放射、渗透及共振吸收的特性，对人体非常有益，并引起细胞共振而产生温热效应，使身体体温增高，造成微血管扩张，增进血液循环，加速新陈代谢，排除运动后堆积在肌肉间的乳酸，体内的障碍液如炎性蛋白、淤血、汗及皮脂腺分泌的废物等，能使破损的细胞恢复正常，达到止痛及治疗效果。因而远红外技术 纤维织成的织物和做成的服装具有良好的保健功能。

目前远红外纤维开发的产品有以下品种。

（1）远红外保健毛毯。它主要有远红外纤维和真丝交织、棉纤维交织和羊毛交织的保健毯，这些产品具有款式新颖、高雅华贵、保暖性良好的特点，能改善睡眠，并具有干爽、抑菌之功效。

（2）真丝/远红外纤维交织面料做成的睡衣睡裤、衬衣，贴身穿着，能充分改善人体微循环、活血化瘀，对风湿性关节炎、肩周炎、腰椎炎等引起的疼痛有辅助治疗的作用，还能消除疲劳，恢复体力，促进人们睡眠。

（3）远红外内衣内裤，以针织品为主，它用远红外真丝、棉纱和合成纤维针织品，制成短裤、背心、文化衫和内衣，具有改善肩、背、腹部微循环，透气干爽、抑菌治臭的作用，可预防和辅助治疗腿、脚部、腰部和肩部的肌肉酸痛、风湿性关节炎痛及妇科多种病痛。

（4）远红外纺织关节防护产品，它主要有护膝、护肘、护腕、护腰和护肩等。

（5）远红外保健袜、连裤袜。

（6）远红外保健文胸。

（7）远红外保健被和床垫。

6.18 防电磁辐射纤维

科学技术的发展使电子、电器产品大量问世，从而导致电磁辐射的大量增加，电磁波辐射是继空气、水、噪声污染后的第四大环境污染，它使人体的健康受到极大的危害，成为影响人类健康“隐形杀手”，日渐增加的电磁波使人们无法回避，而最好的办法就是采用有屏蔽功能的纺织品，将纤维制成具有屏蔽电磁作用而成为防电磁辐射纤维或纺织品，也称吸波材料。

防电磁辐射纤维主要有金属纤维和碳纤维、金属镀层纤维、涂覆金属盐纤维、本征型导电聚合物纤维和复合型高分子导电纤维等。

（1）金属纤维　金属纤维具有良好的导电性，优良的耐热、耐化学腐蚀性和较高的强度，其细度、柔软性接近于一般纺织纤维，通过与其他纤维混纺、并捻、交织成面料，主要用于电磁辐射防护服、抗静电服等。目前用于电磁辐射防护服的金属纤维主要是镍纤维和不锈钢纤维两种。直径有4μm、6μm、6μm和10μm，这种织物的电磁辐射屏蔽性能极好但织物染色性差而价格较高。

（2）碳纤维　将炭微粒在纺丝或聚合时加到纤维中去，这类纤维的手感柔软可纺性也好，可与各种纤维混纺、交织，以染深色为好。

据科学家测定，穿着具有防电磁辐射服装的孕妇生产畸形儿的概率要大大小于不穿该类服装的孕妇，因而这类织物做成的服装，成为孕妇的第一选购对象。

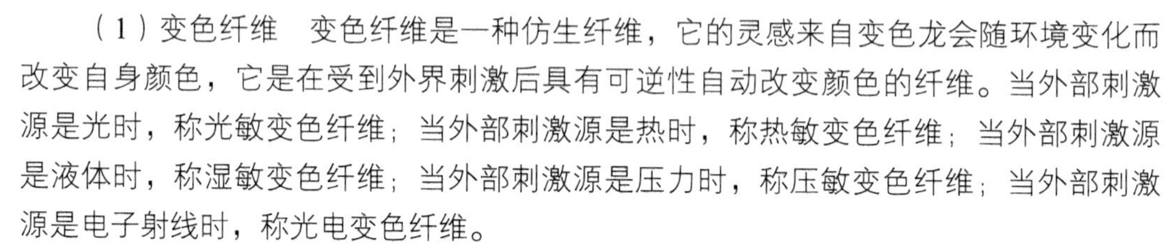

6.19 其他纤维

（1）变色纤维　变色纤维是一种仿生纤维，它的灵感来自变色龙会随环境变化而改变自身颜色，它是在受到外界刺激后具有可逆性自动改变颜色的纤维。当外部刺激源是光时，称光敏变色纤维；当外部刺激源是热时，称热敏变色纤维；当外部刺激源是液体时，称湿敏变色纤维；当外部刺激源是压力时，称压敏变色纤维；当外部刺激源是电子射线时，称光电变色纤维。

近年来，许多服装企业还将它运用在休闲服、时装、T恤或服装的某一局部，既可使服装色彩或纹样在不同环境下有所变化，同时也具有防伪作用。

（2）香味纤维　香味纤维是把香料或芳香微胶囊均匀地混入纺丝液中制得的香味纤维。该类纤维能缓释香味，具有安神、刺激食欲、驱蚊、消臭、改善睡眠和治疗偏头痛等保健功能。纤维所用香料以熏衣草香精油或柏木精油为主，如具有精神安定作用和适宜的香型，它可以用于针刺地毯和芳香窗帘、芳香睡衣、床上用品及棉絮等一些产品中。因香料织物要不断地挥发香味，因而其持久性相对较差。

（3）防紫外线织物　防紫外线织物是在织物上施加一种能反射或吸收紫外线，并能进行能量转换，将能量释放和消耗的物资。防紫外线织物可以通过制造防紫外线纤维织织制物和织物防紫外线整理来实现。

利用抗紫外线纤维织造的织物或者在合成纤维中加入散射剂制成织物，或将紫外线屏蔽剂、吸收剂附着或涂于织物上，使透过织物的紫外线量大大减少，可用于制服、童装、运动服、太阳帽、披肩、长筒袜、窗帘、遮阳伞等防晒用品。

（4）防水织物　防水透气织物是用多种方法赋予织物表面以疏水性，使水不能浸润织物达到拒水的目的，但又不封闭织物的空隙。空气和水汽还可以透过的织物。它是集防水透湿、防风保暖性能于一体的独具特色的功能织物。防水透湿织物可以加工高密织物，或者用仿荷叶效应的拒水透湿织物整理方法实现。防水织物在民用方面可制作运动衣、风雨衣、滑雪山、登山服、睡袋、晴雨两用外套等；在军事和工业方面可用作野外帐篷、防护服装、食品包装、篷盖用布等。

（5）阻燃纤维　纤维阻燃可以从提高纤维材料的热稳定性、改变纤维的热分解产物、阻隔和稀释氧气、吸收或降低燃烧热等方面着手来达到阻燃目的。

（6）抗菌防臭纤维　抗菌防臭纤维是指具有除菌、抑菌作用的纤维。抗菌纤维大致有两类：一类是本身带有抗菌抑菌作用的纤维，如大麻、罗布麻、甲壳素纤维及金属纤维等；另一类是借助螯合技术、纳米技术、粉末添加技术等，将抗菌剂在化纤纺丝或改性时加到纤维中而制成的抗菌纤维。

（7）相变纤维　相变纤维是指含有相变物质（PCM）能起到蓄热降温、放热调节作用的纤维，也称空调纤维。

（8）记忆类面料　记忆面料指的是具有形态记忆功能的面料，也有人称其为记忆布，或形态记忆布。用记忆面料制成的服装不用外力的支撑，能独立保持任意形态及可以呈现出任意褶皱，用手轻拂后即可完全恢复平整状态，不会留下任何折痕，保型具有永久性。此种面料具有良好的褶皱恢复能力（良好的褶皱效果和恢复能力是目前国际最新潮的功能性面料的特点）、手感舒适、光泽柔和、质地细腻柔软、悬垂好、抗污染、耐化学性、尺寸稳定、抗静电、抗紫外线等特点，而最重要的是，有了“记忆”之后，面料可免烫，并易护理。

参考文献

[1] 邢声远主编. 服装面料的选用与维护保养[M]. 北京：化学工业出版社，2007.

[2] 邢声远，郭凤芝主编. 服装面料与辅料手册[M]. 北京：化学工业出版社，2007.

[3] [英]阿黛尔著. 时装设计元素：面料与设计[M]. 朱方龙译. 北京：中国纺织出版社，2010.

[4] 陈东生，吕佳主编. 服装材料学[M]. 上海：东华大学出版社，2013.

[5] 周璐瑛，王越平主编. 现代服装材料学[M]. 2版. 北京：中国纺织出版社，2011.

[6] 马大力，冯科伟，崔善子编著. 新型服装材料[M]. 北京：化学工业出版社，2006.

[7] 吴微微，全小凡编著. 服装材料及其应用[M]. 杭州：浙江大学出版社，2000.

[8] 陈继红，肖军编著. 服装面辅料及应用[M]. 上海：东华大学出版社，2009.

[9] 王革辉编著. 服装面料的性能与选择[M]. 上海：东华大学出版社，2013.